成都理工大学实验教学系列教材

水文地质学实验教程

主　编　虞修竞
副主编　付小敏　苏道刚
主　审　夏克勤

西南交通大学出版社
·成　都·

内容简介

本书紧密结合理论课程的教学内容，包括了水文地质学基础实验、地下水渗流实验、模拟含水层抽水实验及编制潜水等水位线图、阅读综合水文地质图、地下水中主要离子测定等方面的内容。根据理论课程内容，本书还编入了部分"水力学"的实验项目。

本书主要教学对象为水文地质、勘察技术与工程、地矿勘察、石油工程、环境工程等专业的学生。通过理论与实验学习，学生可以掌握水文地质学的基础知识和专门水文地质学及地下水动力学的主要内容，全方位了解水文地质学的基本理论和一些相关的工作方法，了解水文地质参数的测定、地下水量的计算等，为将来从事地质勘察打下良好的专业基础。本书除作为教学用书外，也可供专业人员参考，有较好的适用性。

图书在版编目（CIP）数据

水文地质学实验教程 /虞修竞主编. —成都：西南交通大学出版社，2008.9
（成都理工大学实验教学系列教材）
ISBN 978-7-5643-0050-0

Ⅰ. 水… Ⅱ. 虞… Ⅲ. 水文地质－实验－高等学校－教材 Ⅳ. P641-33

中国版本图书馆 CIP 数据核字（2008）第 133220 号

成都理工大学实验教学系列教材

水文地质学实验教程

主编 虞修竞

*

责任编辑 张 波
特邀编辑 杨 勇
封面设计 本格设计
西南交通大学出版社出版发行
（成都二环路北一段 111 号 邮政编码：610031 发行部电话：028-87600564）
http: //press.swjtu.edu.cn
四川森林印务有限责任公司印刷

*

成品尺寸：185 mm×260 mm 印张：6.25 插页：2
字数：163 千字
2008 年 9 月第 1 版 2008 年 9 月第 1 次印刷
ISBN 978-7-5643-0050-0
定价：19.00 元

前 言

随着我国改革开放的深入，高等教育也得到了空前的发展，我校也由单一的地质专业学院发展成为综合性的理工大学。一段时期以来，我校水文地质、环境工程、勘察技术与工程、石油工程、地矿勘察等专业本科生和研究生的数量有所增加，实验教学内容也大大扩展，而相关教材缺乏，水文地质实验室作为主要实验教学场所，其原有设备也远远不能满足当今的实验教学需求。为改善这种状况，同时为提高教学质量，近年来在各有关部门支持下，我校一批具有丰富教学和野外科研、生产实践经验的教师总结了历年的教学成果，并参考同类教材及有关文献资料，发扬艰苦创业、自力更生的精神，自行开发研制、改造了一批新型教学仪器，同时设计和开设了一批新实验，扩展了一些原有实验的内容。实践证明，这样的实验教学明显地激发了学生的学习积极性，提高了学生的实践动手能力，也促进了理论教学质量的提高。

本教材即在上述背景下由相关教师编写而成。其内容包括了水文地质学基础实验、地下水渗流实验、模拟含水层抽水实验以及编制潜水等水位线图、阅读综合水文地质图、地下水中主要离子测定等实验，根据理论课程内容，本书还编入了部分“水力学”基础的实验项目，共计 19 项。

本书的实验内容突出反映了专业特点：

如潜水模拟实验，实验装置选取了最具潜水特征的河间地块为模拟对象，可完整显示潜水补给、径流、排泄特征。学生通过实验可以深入理解有关潜水的基本概念及空间立体的分布状态，对潜水补给、径流、排泄建立感性认识，并可运用地下水运动基本定律及绘制流网分析水文地质问题。

而承压水模拟实验则选取了单斜承压含水层为模拟对象，学生通过实验，可熟悉有关承压水的基本概念，对承压水在空间的产出状态及补给、径流、排泄条件建立感性认识。在此基础上，可通过钻孔水位绘制承压水位线，学会分析从补给区到排泄区水力梯度的变化，并通过调节泉流量的大小和钻孔水位的大小进行水均衡分析。

在地下水渗流实验方面也采用了多种模型，如渗流槽、渗流柱、窄缝槽等，用来模拟一些非均质、各向异性以及边界几何形状复杂等条件下的地下水运动规律，且具有形象、直观、演示效果和直观性好等优点。学生通过实验可运用地下水动力学基本知识解释各种类型地下水的运动特征。同时，还可以学习怎样根据需要制作不同物理模型来研究地下水的运动规律。

本书的潜水完整井和承压完整井抽水模拟实验，是根据相似模拟的原理以野外抽水时地下水向潜水完整井和承压完整井稳定运动的水文地质实体为模拟对象的一种物理模型，可以分别再现潜水完整井和承压完整井的抽水过程。通过实验，学生可以对模型中地下水各运动要素进行观测，再将观测到的结果按一定比例放大，就可得到与自然界潜水完整井和承压完整井抽水时相对应的运动要素，并可测定相关的水文地质参数和计算含水层出水量，清楚看到自然界无法观测到的渗流状态及含水层与抽水井的结构，同时可以了解抽水实验的过程及其资料整理。

野外现场原位实验是水文地质研究的重要方面，但受客观条件的限制，目前在野外现场实习中很难开展此项工作。因此，有必要加强在实验室的实践教学，特别是一些关于相似模拟的水文地质实体与地下水抽水方面的实验。本书实验内容在一定程度上可以弥补野外现场实习的不足。

本书涉及的内容比较广泛，便于不同的使用者特别是不同专业的师生学习使用。

本书由成都理工大学虞修竞任主编，夏克勤主审。全书除实验十五由于静执笔外，其余均由虞修竞执笔，付小敏、苏道刚为完成本书也做了大量工作。

在此向为本书的完成付出辛勤劳动的同志们表示衷心感谢！

由于编者水平有限，书中难免有错误和不妥之处，恳请读者批评指正。

编　者

2008 年 9 月

目　录

目录

实验一　观测岩土中毛细水的上升高度

一、实验目的

(1) 熟悉包气带中毛细水的赋存与运动特征。
(2) 观察松散岩土中水的毛细运动。
(3) 初步掌握测定砂中毛细水上升高度的方法。
(4) 观测砂土毛细饱和带水的运移。

二、实验设备

1. 观测毛细水上升高度实验装置（见图 1.1）

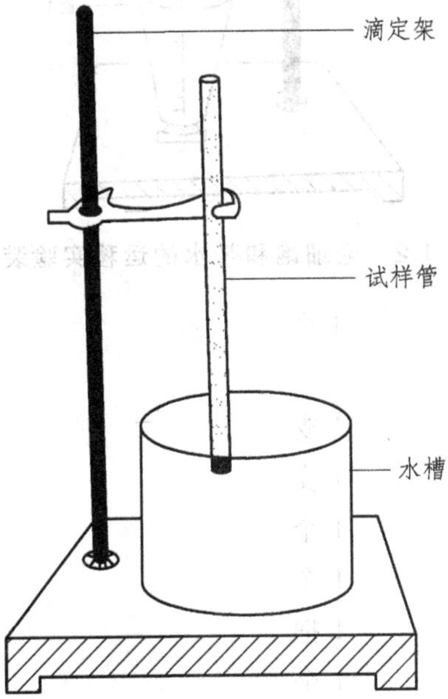

图 1.1　观测毛细水上升高度的实验装置

(1) 刻度试样玻璃管 3 支（内装粗、中、细 3 种不同粒径的砂样）
(2) 水槽 1 个
(3) 固定架 1 个
(4) 钢尺 1 把
(5) 烧杯（500 mL） 1 个
(6) 吸管 1 支
(7) 秒表 1 支
(8) 温度计（0～100 °C） 1 支
(9) 干布 1 块

2. 毛细饱和带水的运移实验装置（见图 1.2）

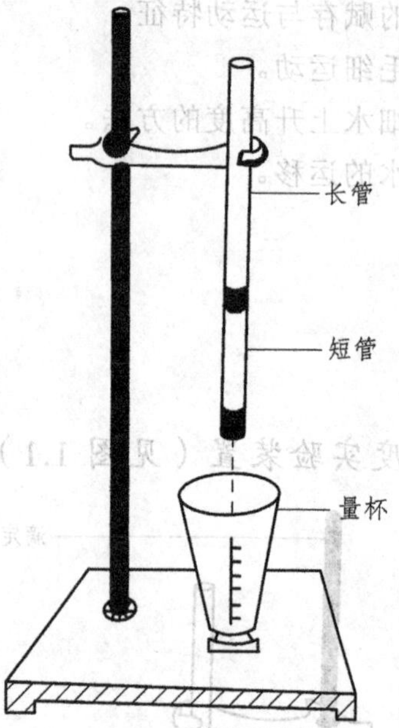

图 1.2 毛细饱和带水的运移实验装置

(1) 滴定台 1 个
(2) 刻度玻璃管：
    长管（20 cm） 1 支
    短管（10 cm） 1 支
(3) 烧杯（500 mL） 1 个
(4) 放大镜 1 个
(5) 钢尺 1 把
(6) 水桶 1 个
(7) 量杯（50 mL） 1 个
(8) 干布 1 块

三、实验步骤

1. 观测砂中水的毛细上升速度

（1）装试样：将3种不同粒径的砂样各自均匀、密实地装入刻度玻璃管中（分多次、少量的装入并不断拍打管壁，装满为止）。

（2）将水槽盛满水，把装样的玻璃管插入固定架放入水槽的透水支座上（玻璃管底部的白胶布上沿略低于水槽顶口，管底接触水面），并用滴定夹固定玻璃管。

（3）用钢尺测出水槽顶面与玻璃管在同一平面时玻璃管的高度（即毛细水上升高度的起始读数），并加以记录，迅速向水槽中注水，当水面与水槽顶面平齐时，准确迅速地按秒表计时，并观察玻璃管中水面上升的情况，同时用吸管不断加水入槽，保持槽内水面不变并与槽顶口平齐。读出读数并纪录于表1.1，记录下列时刻的毛细水上升高度：

00:01:00，00:03:00，00:05:00，00:07:00，00:10:00，00:15:00，00:20:00，00:25:00，00:30:00。

2. 毛细饱和带水的运移实验

（1）装试样：将砂样均匀密实地装入长、短管中与管口平齐。

（2）长管饱水：将长管垂直缓慢地全部浸入水桶中（注意桶内水面不得超过管上口），使其充分饱水后提起，擦干外壁，固定在滴定架上使其在重力作用下滴水。

（3）短管饱水：将短管垂直缓慢地浸入盛有颜色水的烧杯中，充分饱水后提起，擦干外壁，并用放大镜观察此时短管饱水情况，注意是否滴水。

（4）观察长短管相接后的现象：待长管停止滴水后，将长管下口放在短管的上口上，使其紧密接触，用量杯盛接滴水，同时观察短管饱水情况及颜色，对比滴出的水与烧杯中的颜色水是否相同。

四、实验成果

（1）提交毛细水上升高度实验记录表（表1.1）。

（2）在直角坐标纸上分别作出3种砂样的毛细水上升高度与时间的关系曲线。

① 根据曲线图及实验数据分析毛细水上升高度随时间的变化情况。

② 对比分析试样粒径大小对毛细水上升高度的影响。

③ 短管饱水后提起为什么不滴水？与长管相接后出现什么现象？为什么？

④ 提出对本实验的改进意见。

表 1.1　毛细水上升高度实验记录表

水温_____ °C

仪器编号									
试样粒径 /mm									
时间 /min	读数 /mm	毛细水上升高度 /mm	毛细水上升速度 /（mm/ min）	读数 /mm	毛细水上升高度 /mm	毛细水上升速度 /（mm / min）	读数 /mm	毛细水上升高度 /mm	毛细水上升速度 /（mm / min）
0									
1									
2									
3									
4									
5									
6									
7									
8									
9									
10									

实习日期_______年___月___日　　班号________　　组号________

报告人________　　同组成员________________________

实验二　测定岩土的水理性质

一、实验目的

(1) 认识水在岩土空隙中的存在形式（以松散岩土为例）。

(2) 加深认识岩土的水理性质。

(3) 学习掌握实验室测定孔隙度、容水度、给水度、持水度的方法。

二、实验设备

(1) 给水度仪装置（见图 2.1）。

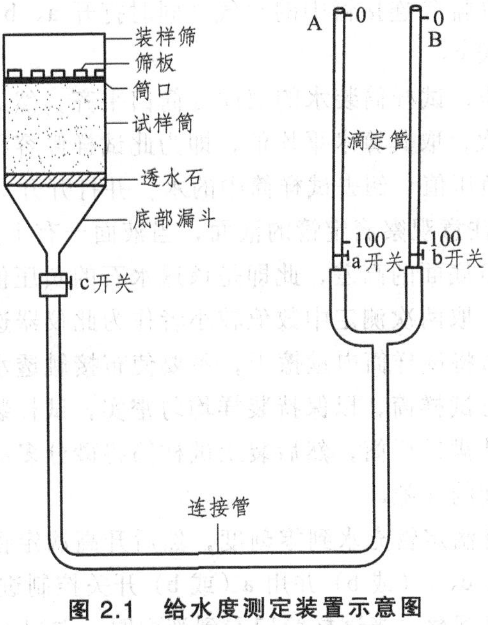

图 2.1　给水度测定装置示意图

① 装样筛；

② 试样筒；

③ 连接管；

④ 滴定管（A、B 两管各 100 mL）；

⑤ 滴定管架。

(2) 分液漏斗（250 mL 左右）	1 个
(3) 支架	1 个
(4) 量筒（500 mL）	1 个
(5) 烧杯（250 mL）	1 个
(6) 巴氏吸管	1 支
(7) 漏斗	1 个
(8) 洗耳球	1 个
(9) 水桶	1 个
(10) 干布	1 块

三、实验步骤

（1）饱和透水石及底部漏斗充水：将开关 c 打开，将试样筒取下，底部漏斗向上倒置浸入水桶中，用洗耳球将底部漏斗中的气体吸出使透水石完全饱水（不再冒有气泡），并使底部漏斗完全充水到管口，用止水夹关闭管口，在水中倒转试样筒，并装满水放在支架上，将滴定管充水并排除连接管中的空气（同时打开 a、b 开关），使连接管与底部漏斗管接通，并关闭开关 c。

（2）测量试样筒容积：试样筒装水的液面与筒口平齐，然后将水倒入量筒中，记下水的体积，反复测定 3 次，取其算术平均值，即为此试样筒容积。

（3）测定透水石的负压值：倒去试样筒中的水，并打开开关 c 及开关 a 或 b 缓缓降低滴定管 A 或 B，同时注意观察滴定管的液面，当液面一有上升立即关闭开关 c，记下此时滴定管液面至透水石底面的高差，此即是该透水石的负压值。重复（1）、（2）两步骤，记下测得的负压值，取两次测定中数值较小者作为此仪器选用的负压值。

（4）装试样：用干布将试样筒内壁擦干，不要使布接触透水石，试样分多次少量地装入试样筒中并不断拍打试样筒，以保持装样均匀密实，试样装到与筒口平齐为止。如装混合样时，先将砾石装满试样筒，然后装上试样筛将砂分多次少量地倒入筛内并拍打试样筒，使砂充满砾石间的孔隙。

（5）测定进水量：将滴定管充水到零刻度，然后升高滴定管的高度，使其液面始终高于试样筒口。打开开关 c、a（或 b）并用 a（或 b）开关控制进水速度，速度不能过快，应使试样逐渐饱水。注意观察，当试样筒口看到液面时，立即关闭 a（或 b）开关。记下此时滴定管液面的数值。

（6）测定退水量：降低滴定管的高度，使滴定管液面低于透水石底面并高于负压值面 5 cm，打开开关 c、a（或 b），控制缓慢退水。注意观察，当滴定管液面趋于稳定时（2 min 内退水不足 1 mL）则关闭 c、a（或 b）开关，记下此时滴定管液面的数值。

（7）换试样：即重复步骤（4）～（6）。

四、实验成果

（1）提交本实验报告（表 2.1）。

（2）从试样中退出的是什么形式的水？退水结束后试样中保留的是什么形式的水？

（3）根据实验结果，对比分析松散土石粒径大小和分选性对给水度的影响，并说明原因。

表 2.1　岩土的水理性质测定实验报告表

仪器名称及编号				
试样名称				
试样粒径/mm				
仪器容积/mL				
进水量/mL				
退水量/mL				
持水量/mL				
试验成果	容水度/%			
	给水度/%			
	持水度/%			
	孔隙度/%			

实验日期＿＿＿＿年＿＿＿月＿＿日　　班号＿＿＿＿组号＿＿＿＿

报告人＿＿＿＿＿＿　　同组成员＿＿＿＿＿＿＿＿＿＿

实验三　潜水模拟演示实验

一、实验目的

（1）熟悉与潜水有关的基本概念，建立对潜水补给、径流、排泄的感性认识。
（2）培养运用达西定律及利用流网分析水文地质问题的能力。

二、实验设备

潜水演示仪（见图 3.1）主要部件及附件为:
（1）槽体，内盛均质砂，模拟含水层；
（2）降雨器，可人为控制降雨量的大小；
（3）模拟井，2 个完整井，2 个非完整井；
（4）模拟集水廊道；
（5）测压（示踪）点，与测压管架上的测压管连接可测水头，与示踪剂注入瓶连接可示踪流线（迹线）；
（6）测压管架；
（7）示踪剂注入装置；
（8）稳水箱（用于稳定河水位）。

三、实验方法与步骤

实验采用分析讨论与观察模拟现象相结合的方式。因此，要求学生针对提出的问题分析讨论，积极思考，在此基础上，带着讨论中的结论及疑难进行模拟演示，从而验证和加深对问题的理解。

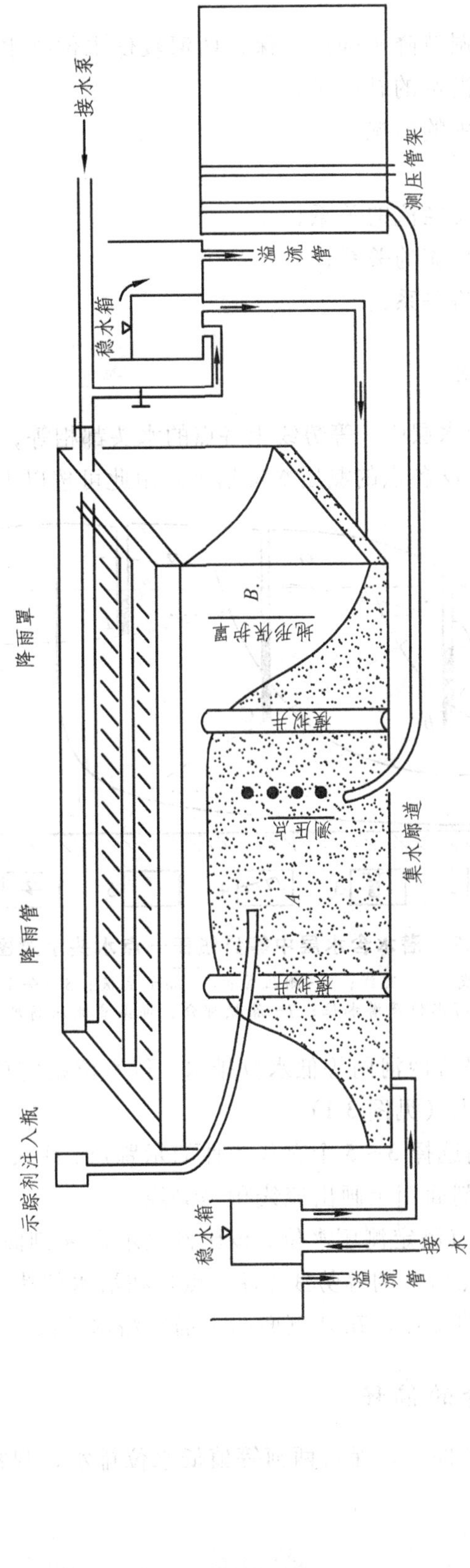

图 3.1 潜水模拟演示实验装置图

1. 熟悉潜水演示仪的装置及功能

2. 地表径流的演示

打开降雨开关，人为调节降雨强度，保持两河较低水位排水。

（1）观测大气降水对潜水的补给过程；

（2）观测地表径流产生的情况。

分析讨论：

（1）包气带厚度与地表径流的关系；

（2）降雨强度与地表径流的关系；

（3）地形与地表径流的关系。

3. 观察潜水面形状

如图 3.2 所示，潜水含水层中，等势线上各点的水头都相等，即 *B*、*C*、*D* 各点测压水位分别与潜水面上 *M*、*N*、*O* 各点的测压水位相等。由此可按以下步骤确定潜水面形状。

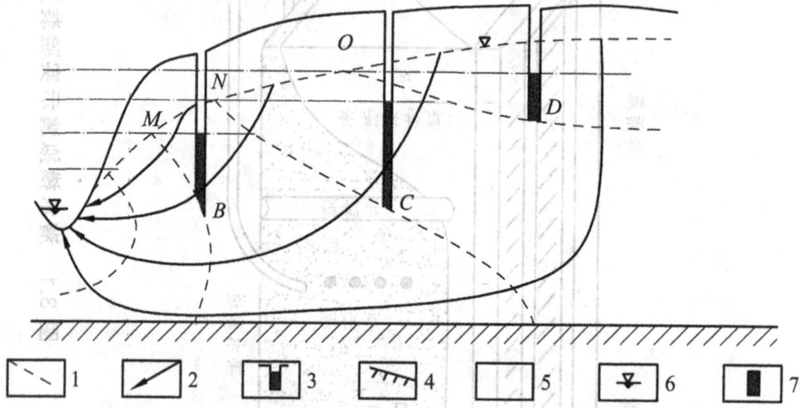

图 3.2 潜水含水层中等势线任一点水头示意图

1—等势线；2—流线；3—测压管；4—隔水底板；5—含水层；6—河水位及潜水位；7—涂黑部分，即某点测压高度

（1）中等强度降雨，保持两河同等低水位排水，待水位稳定后测定井水位与河水位，并按比例表示在 *A* 剖面图上（见图 3.1）。

（2）在河与分水岭之间选择 3～5 个有代表性的示踪点，注入示踪剂，观察流线特征，分析流网分布规律，在 *A* 剖面图上画出流线和等势线。

（3）选择 3～5 个测压点测定测压水位，按比例表示在 *A* 剖面上。自各测压点测压水位顶点作水平线交各测压点所在的等势线（各交点均在潜水位线上）。结合井水位和河水位以及各平行线与等势线的交点，在 *A* 剖面图上描绘潜水位线。

4. 观测地下分水岭的偏移

在中等强度均匀降雨条件下，保持两河等值低水位排水，观察地下分水岭位置。

抬高一侧河水位（即抬高该侧稳水箱），观察地下分水岭向什么方向移动，分析地下分水岭为什么会发生偏移，能否稳移？停止降雨继续观察分水岭的变化。

5. 抽水条件下的渗流演示

中等强度降雨，保持两河同等较高水位排水。选择 3～5 个测压点注入示踪剂，使地下水位处于稳定的初始状态，演示以下内容：

（1）集水廊道抽水。打开集水廊道开关进行排水。观察流线变化特征，分析集水廊道排水对地下水与河水的补给和排泄关系的影响。

（2）完整井抽（注）水。恢复初始状态，打开两个完整井的开关，一个抽水，一个注水。观察地下分水岭的变化及流线形态。

（3）非完整井抽水。恢复初始状态，打开两个非完整井的开关，通过开关控制两个非完整井等降深抽水。在适当的测压点注入示踪剂，观察流线形态并在 *B* 剖面上（见图 3.1）描绘地下水流线。

四、实验成果

（1）根据步骤 3 获得的资料，绘制 *A* 断面的剖面流网（附原始资料表）。

（2）根据步骤 5 获得的资料，绘制 *B* 断面的示意流网图。

（3）你所作的 *A* 剖面流网图具有哪些主要特征？由此能得出哪些有普遍意义的水文地质结论？

（4）分水岭的存在、偏移和消失需具备哪些条件？

（5）在什么条件下会存在地下分水岭？它们与径流系统有何关系？

实验四　承压水模拟演示实验

一、实验目的

（1）熟悉与承压水有关的基本概念，增强对承压水的补给、排泄和径流的感性认识。

（2）练习运用达西定律的基本观点分析讨论水文地质问题。

二、实验内容

（1）分析讨论承压含水层补给与排泄的关系。

（2）观测天然条件下泉流量的衰减曲线。

三、实验仪器与用品

（1）承压水演示仪见图 4.1，该仪器的主要组成部分及其功能如下所述。

① 含水层：用均质石英砂模拟。

② 隔水层：用隔水板及隔水层符号模拟，构成等厚的承压含水层的顶板和底板。

③ 断层上升泉：承压含水层主要通过泉排泄，泉水通过开关 6 排出，可用秒表和量筒配合测量其流水量。

④ 模拟井（虚线部分为滤水部分）：中间 3 井和箱体外开关连通，通过开关可以控制 3 井的抽（注）水。

⑤ 模拟河：承压含水层接受河流补给，通过调整稳水箱的高度控制补给承压含水层的河水水位。

⑥ 进水管：上部穿孔，河水可以通过穿孔部分补给承压含水层。

（2）秒表。

（3）量筒：500 mL、50 mL、25 mL 各 1 个。

（4）直尺（50 cm）。

(5) 计算器等。

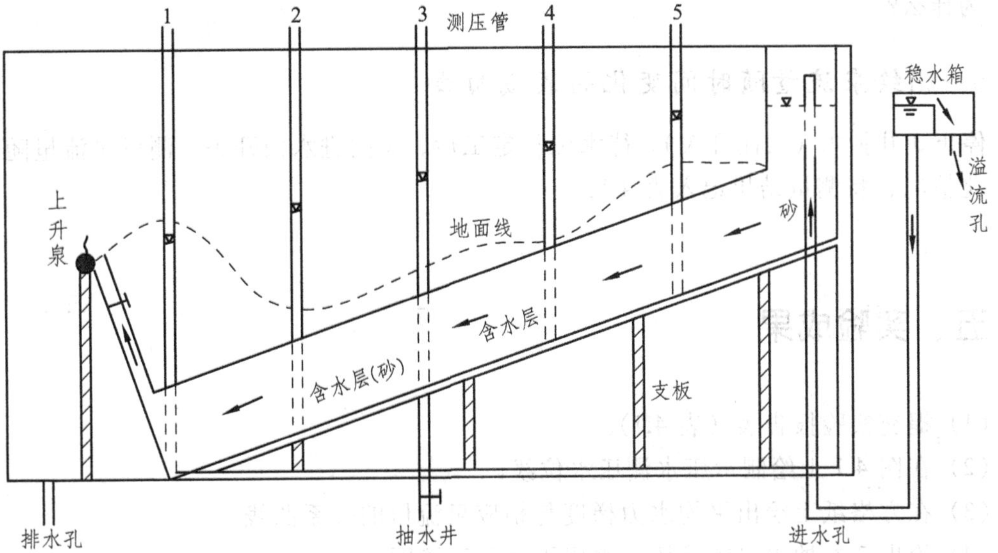

图 4.1 承压水演示仪示意图

1～6 号管内径 10 mm；7 号内径 15 mm。

四、实验步骤

1. 熟悉承压水演示仪的组成部分及其功能

2. 测绘测压水位线

抬高稳水箱，使河水保持较高水位，以补给含水层，待测压水位稳定后，分别测定河水、1～5 号井和泉的水位，在图 4.1 上绘制承压含水层的测压水位线。分析自补给区到排泄区水力梯度有何变化，试说明为什么会出现这些变化。

3. 测绘平均水力梯度与泉流量关系曲线

测定步骤 2 的泉流量、河水位（$H_{河}$），泉点水位（$H_{泉}$），计算平均水力梯度（I），记入表 4.1。

分两次降低稳水箱，调整河水位（但仍保持河水能补给含水层）。待测压水位稳定后，测定各点水头，计算平均水力梯度，同时测定相应的泉流量。

4. 3 井抽水，测定泉流量及 3 井抽水量

为了保证 3 井抽水后，仍能测到各井水位，抽水前应抬高河水位（即抬高稳水箱）。待测压水位稳定后测定泉流量，记入表 4.1。3 井抽水，待测压水位稳定后，测定泉流量

及 3 井抽水量并记入表 4.1。从测定结果分析，抽水后泉流量的减量是否与 3 井抽水量相等？为什么？

5. 测绘泉流量随时间变化的衰减曲线

停止 3 井抽水（关闭开关），待水位稳定工后，关闭进水口开关，测量泉流量随时间的变化情况，将测量结果记入表 4.1。

五、实验成果

（1）提交实验报告表（表 4.1）。
（2）在图 4.1 上绘制承压水测压水位线。
（3）在方格纸上绘出平均水力梯度与相应泉流量的关系曲线。
（4）绘出 3 井抽水时的承压含水层平面示意流网。
（5）绘制泉流量随时间变化的曲线。

表 4.1　承压水模拟实验报告表

项目 步骤	河水位 H_h/cm	泉点水位 H_q/cm	平均水力梯度 I	泉流量 /（L/s）	井流量 /（L/s）	备　注
步骤 2						
步骤 3						
步骤 4	抽水前					
	抽水后					
步骤 5	次　数	1	2	3	4	5	6
	累计时间/s						
	泉流量/（L/s）						
	次　数	7	8	9	10	11	12
	累计时间/s						
	泉流量/（L/s）						
	次　数	13	14	15	16	17	18
	累计时间/s						
	泉流量/（L/s）						

实验日期________年______月____日　　班号__________　　组号__________

报告人__________　　同组成员______________________________

实验五　达西渗流实验

一、实验目的

渗透系数是表示岩土透水性的指标，是进行各种水文地质计算极其重要的参数。例如，供水水文地质的地下水资源量计算以及水库渗流量的计算，都必须在求得渗透系数后才能解决相关问题。

测定渗透系数的方法分 2 类：一是野外测定法，包括抽水、渗水、压水等试验；一是室内测定方法，包括达西仪、威姆仪、卡明斯基仪测定等。

本实验是在非天然条件下在室内利用达西仪测定岩土渗透系数的一种方法。通过实验验证并加深认识地下水运动的基本定律——直线渗透定律，加深理解渗透流速、水力梯度、渗透系数之间的关系，同时学习测定岩土渗透系数的方法及原理。

二、实验仪器与设备

（1）达西仪。

仪器由模拟含水层、闭路循环可调压的给排水系统及测压排等组成，见图 5.1。

① 模拟含水层。

由ϕ= 15 cm 的两个有机玻璃圆筒装入不同级配的石英砂和砾石构成，可以模拟两种不同渗透系数（K）的含水层。圆筒下端设有透水网孔板，可使含水层获得均匀进水；圆筒顶端设有溢水装置，使含水层出水口水面保持稳定，满足实验过程中的稳定流条件，出水口的水量即为渗透流量（Q）；圆筒中部设有上、下游两个测压管接口，用于连接测压管（见图 5.1）。

两个有机玻璃圆筒内分别装有不同粒径的均质试样：一是粗砂（ϕ= 0.5～1.0 mm），一是砂砾混合样（砂ϕ= 0.5～1.0 mm，砾ϕ= 5～20 mm）。

② 闭路循环可调压给水装置。

该装置由储水箱、水泵及可升降的定水头溢流供水箱组成。通过该装置系统可使模拟含水层获得不同水头的稳定实验用水，实验用水经回水管路回流至储水箱，实验用水可循环使用，不需外接供水源。此装置水位扬程为 1.5 m，流量为 3 600 L/h。

③ 测压排。

由测压管、水位标尺、镜面底板等组成。测压管分别与两含水层上、下游两断面连接，通过测压管水位，可获得各断面的水头值和水头差，用于计算水力坡度。

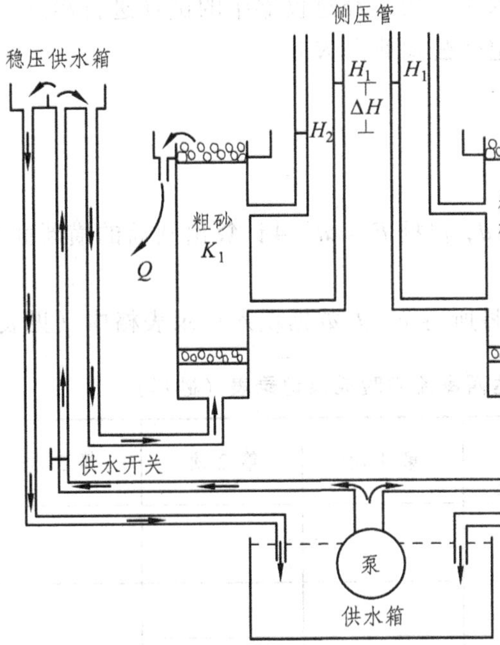

图 5.1 达西渗流实验示意图

(2) 秒表。

(3) 量筒。

(4) 直尺。

(5) 方格纸（20 cm×25 cm）。

(6) 计算器。

三、实验原理与步骤

1. 实验原理

水在岩土中由于水头差的作用，沿着岩土的孔隙或裂隙运动。由于孔隙或裂隙的大小不同，水在其中运动的规律也不相同，实践证明，在自然界绝大多数的情况下，地下水在岩土中运动服从直线渗透定律。通过达西仪的实验得出：透过岩土的渗透流量 Q 与渗透层横断面面积 F 及水头差的数值 ΔH 成正比，而与渗透层的长度 L 成反比。或者说，渗透速度 V 与水力坡度 I 的一次方成正比，即：

$$Q = KF\frac{\Delta H}{L} \quad 或 \quad V = KI$$

式中 K——渗透系数，是表征岩石透水性的指标，它取决于岩石的物理性质和渗透液体的性质。

根据上述定律，使水在固定水头作用下经过仪器中的试样进行渗透，测出流量 Q 及水头差 ΔH 等，即可用直线渗透定律公式算出 K 值。

2. 实验步骤

（1）测量。

① 测量有机玻璃圆筒的内径 d，根据 $F = \pi d^2/4$ 计算出圆筒的横断面面积 F（即试样的横断面面积）。

② 测量两测压管的间距 L，将所得 F、L 数据填入记录表格中（见表 5.1、表 5.2）。

表 5.1　达西渗流实验成果记录表（砂样）

序号	实验次数 记录项目		第 1 次	第 2 次	第 3 次	第 4 次
1	试样横断面面积 F/cm^2					
2	测压管高度	H_1 /cm				
		H_2 /cm				
3	水头差 $\Delta H = H_1 - H_2$ /cm					
4	两测压管中心距离 $L = 20$ cm					
5	水力坡度 $I = \frac{H_1 - H_2}{L}$					
6	渗透水量 W /cm^3					
7	经过时间 t/s					
8	渗流量 $Q = W/t$ /（cm^3/s）					
9	渗透速度 $V = Q/F$ /（cm/s）					
10	各次的渗透系数 $K = V/I$ /（cm/s）					
11	平均渗透系数 K/（cm/s）					

表 5.2 达西渗流实验成果记录表（砂砾混合样）

序号	记录项目 \ 实验次数		第 1 次	第 2 次	第 3 次	第 4 次
1	试样横断面面积 F/cm^2					
2	测压管高度	H_1 /cm				
		H_2 /cm				
3	水头差 $\Delta H = H_1 - H_2$ /cm					
4	两测压管中心距离 $L = 20$ cm					
5	水力坡度 $I = \dfrac{H_1 - H_2}{L}$					
6	渗透水量 W/cm^3					
7	经过时间 t/s					
8	渗流量 $Q = W/t$ /（cm^3/s）					
9	渗透速度 $V = Q/F$ /（cm/s）					
10	各次的渗透系数 $K = V/I$ /（cm/s）					
11	平均渗透系数 K/（cm/s）					

（2）装样。

先在筒底孔板上装 2～3 cm 厚的砾石，再将欲实验的砂样分层装入圆筒中，每层 3～6 cm 厚，夯实，使其尽量接近天然状态下的结构形式，然后分层装至距圆筒上口下 2～3 cm 处，在砂样上再装砾石将有机玻璃圆筒全部装满。在另一圆筒中照上述步骤装入砂和砾石混合样。

（3）饱和试样。

在每次实验前，先给试样进行饱水。即将供水池抬高，使其水面高于圆筒溢水面，打开供水管开关注水进行渗透，使试样全部饱水（溢水面有水溢出），待渗透稳定后，停止注水。观察两测压管水位与圆筒的溢水面水位是否保持水平，如不水平，有气泡，则需排除，调试至水平，此时仪器方可使用。

（4）正式进行实验。

将供水池抬高，使水位高于圆筒，保持在一定高度上，打开供水开关，使与圆筒内产生水位差，水在砂中从下而上渗透，并经溢水管流出，当两测压管的水位稳定后（即在 5 s 内各测压管水位变化不超过 1.0 mm），测得测压管的水位，并将数据填入表内。

（5）测定通过圆筒所溢出的水量 W（即渗透水量）并重复测定 1 次，2 次水量差小于 5%，取 2 次水量的平均数值，填入表中。

（6）将供水池高度改变 2 次，重复实验步骤（4）、（5）再进行 2 次实验，并作记录，填入表中（注意：调节供水池高度时，应按从低到高的顺序，避免供水池一升一降使水位难以稳定）。

（7）再按（4）～（6）步骤进行另一试样的实验。

四、实验成果及问题讨论

（1）将 3 次测定的结果，按达西公式计算出渗透系数值，并求出平均渗透系数值，填在表 5.1、表 5.2 中。

（2）作图验证直线渗透定律。以渗透速度 V 为纵坐标，以水力坡度 I 为横坐标，将两组试样的 3 次结果在同一坐标纸上绘成 V 与 I 的关系曲线。如实验正确，则关系曲线为一过原点的直线，而直线之斜率 $\tan\alpha$，就是渗透系数 K。若不为一直线，说明结果不正确，需检查原因（如计算错误或其他原因等）或重新实验。

注：必须在实验室内完成全部计算及作图，并将计算结果及所作图交老师检查后方可离开实验室。需重新实验者得由老师批准，或当时进行或另定时间进行。

五、思考题

（1）当砂样饱水后水未流动时，为什么两测压管的水位与泄水水位保持在同一高度上？

（2）为什么在流量不发生变化时才进行实验？

（3）通过实验后，怎样来证明直线渗透定律？

（4）在温度一定的条件下进行实验后，你能证明 K 值为一常数吗（从影响渗透系数值的因素分析）？

（5）讨论：两种试样的 V-I 曲线是否符合达西定律？试分析其原因。

实验六　编制潜水等水位线图

一、编制目的与意义

潜水等水位线图是水文地质图系中的一种，实际上它就是潜水面的等高线图，表示某一时期所在区潜水面的形状。在该图上可以求得潜水面的坡度，潜水的流向，任意一点潜水的埋藏深度，还可以确定潜水与地表水的互补关系。通过钻孔资料和相应的水文地质剖面图能求得潜水含水层的厚度，某过水断面的面积，当获得含水层渗透系数资料后就可以按达西公式计算某过水断面上潜水的天然流量。

得到了上述有关的各项数据后，结合本地区的自然地理、地质条件及含水层特征就可以分析掌握本地区的水文地质条件，以便合理开采利用潜水或防止、排除它对工程建设的不良影响。

通过本实验，学生应掌握绘制潜水等水位线图及水文地质剖面图的方法，并学会运用图件来分析该区的水文地质条件。

二、编制资料依据

（1）以所要编制的等水位线图相应比例尺的地形等高线图作底图。图上应标定出各水文地质点的精确位置。

（2）各井、泉、钻孔、试坑等水文地质点的实际资料（如编号、孔口、高程，水位埋深，地质剖面）见表 6.1、6.2 及图 6.1。

（3）区内地表水在该时期内的水位资料。

已知测水站 1996 年 7 月 1 日测得该处河水的绝对高程为 122.0 m，所有地段上的河床平均坡降为 0.002。

三、工具与用品

（1）方格纸（10 cm×25 cm）1 张，铅笔、橡皮、尺子自备。

(2) 方格透明纸一小张，大头针2枚。

四、编制方法

1. 潜水等水位线图的编制

(1) 将表6.1各点水位高程标在图上相应点处。

(2) 利用内插法，按等高距1 m内插各点。

(3) 将各相同高程点连成圆滑曲线。

编图注意事项：

(1) 内插点的选择。沿潜水位变化最大方向选择相邻最近的两点进行内插，以便尽快控制全区，减小人为误差。

(2) 连线时必须考虑地形及水文地质条件。

① 由于潜水面形状主要取决于地形，其起伏与地形基本一致，但潜水面较地形平缓，因此潜水等水位线应与地形等高线平行或斜交，不能直交。

② 泉与沼泽是地下水的天然露头，埋藏深度为零。地形高程就是该泉的水位高程，因此等水位线通过沼泽时应和高程相同的地形等高线重合，与高程不同的地形等高线平行。

③ 等水位线过山谷时，应与地形等高线弯曲一致，但要平缓些。

④ 等水位线通过河流时，不能直接穿过河床，也不能用河岸高程代替水位高程，应根据测水站水位高程和河的坡降求得。例如，已知测水站处河水水位高程为122 m，坡降为1/1 000，即河流每隔1 000 m，下降1 m，按图的比例尺找出相应水位高程点。

2. 水文地质剖面图的编制

根据表6.2所给钻孔资料及地形底图用与绘制地质剖面相同的方法绘出地质剖面，再标上有关的水文地质资料，潜水面及其流向、河水水位等。

五、作　业

(1) 绘制潜水等水位线图，指出潜水流向。

(2) 绘制1－1水文地质剖面图。

(3) 就图件分析本区潜水可以从哪些方面获得补给，并指出天然流量消耗在哪里。

(4) 本区潜水面形状有何特征？受哪些因素影响所致？

(5) 计算$C \sim D$段潜水力坡度、C点潜水埋藏深度及含水层厚度。

(6) 计算 101～105 段（见图 6.1）的潜水过水断面面积。如该段岩性均匀，渗透系数为 14.218 m/d，求该断面上潜水流量。

(7) 列出潜水的水均衡方程式。

表 6.1　1996 年 7 月 1 日各观测点的水位测量数据表

编号观测点 NO.	地面绝对高程 /m	由地面至潜水面的深度 /m	潜水面绝对高程 /m
1 钻孔	135.0	5.2	129.8
2 钻孔	127.5	1.5	126.0
3 钻孔	123.9	1.0	122.9
4 钻孔	127.0	2.2	124.8
5 钻孔	125.2	1.2	124.0
6 钻孔	131.1	4.8	126.3
8 钻孔	134.9	5.5	129.4
9 钻孔	132.5	6.2	126.3
10 钻孔	126.0	2.0	124.0
11　井	123.5	1.0	122.5
13 钻孔	137.0	6.5	130.5
14 钻孔	135.1	6.3	128.8
15 钻孔	131.2	5.0	126.2
16 试坑	121.8	0.8	121.0
17 试坑	121.7	0.6	120.9
18 钻孔	134.7	6.5	128.2
19 钻孔	131.8	5.4	126.4
20 钻孔	128.0	3.2	124.8
21 试坑	121.7	1.0	120.7
22 钻孔	199.5	3.5	126.0
23 钻孔	125.8	1.4	124.4
24　井	121.9	0.9	121.0
25　井	121.2	1.1	120.1
26 试坑	118.8	0.2	118.6
27　井	121.2	0.7	120.5
28 试坑	123.8	1.6	122.2
29 试坑	126.4	2.2	124.2

续表 6.1

编号观测点 NO.	地面绝对高程 /m	由地面至潜水面的深度 /m	潜水面绝对高程 /m
30 钻孔	133.0	6.2	126.8
31 钻孔	134.9	6.2	128.7
32 泉	124.0	—	
33（河流悬崖上的泉）	122.5	—	
34 泉	12.0	—	
35 钻孔	129.0	6.5	123.5
36 钻孔	124.0	0.3	123.7
37 钻孔	127.3	1.1	126.2
101 钻孔	124.3	1.3	123
102 钻孔	123.5	0.5	123
103 钻孔	123.0	0.0	123
104 钻孔	123.2	0.2	123
105 钻孔	123.3	0.3	123

表 6.2 绘制水文地质剖面资料表

编号	离地表层号	*单层厚度/m	岩性简述
钻孔 NO.6	1	15.6	细粒和中粒砂
钻孔 NO.9	1 2 3	9.5 10.5 1.5*	砂质黏土 细粒和中粒石英砂等 塑性致密黏土
钻孔 NO.10	1 2	11.0 1.0*	细粒和中粒石英砂 塑性致密黏土
钻孔 NO.14	1 2	20.0 2.0*	细粒和中粒石英砂 塑性致密黏土
钻孔 NO.15	1 2 3	3.0 13.0 1.0*	砂质黏土 细粒和中粒石英砂 塑性致密黏土
试坑 NO.16	1 2	2.0 1.0*	砂质黏土 细粒和中粒石英砂
试坑 NO.17	1	3.0*	细粒和中粒石英砂
钻孔 NO.35	1	13.0*	细粒和中粒石英砂
钻孔 NO.36	1 2	9.0 1.5*	细粒和中粒石英砂 塑性致密粒土

注：*单层厚度指钻孔、试坑所揭露的，并非全部层厚，隔水层顶板高程 115 m。

实验七　阅读综合水文地质图

一、实习目的与要求

综合水文地质图是总结、反映一个地区水文地质信息的主要手段。该图件可反映出区域地下水与其周围介质相互作用下的形成和分布规律，即反映区域地层、岩性、构造、地貌及含水岩组的分布、埋藏、富水情况，以及地下水的补给、径流、排泄等条件。因此，阅读综合水文地质图需要较全面地利用水文地质学的有关理论知识，本次实习是理论与实践相结合的过程，通过实验要求学生做到：

（1）了解水文地质图的图件、图式、图例的基本内容以及表示方法。

（2）熟悉阅读水文地质图的方法。

（3）初步学会综合运用所学的理论知识去分析一个地区的水文地质条件。

二、实习步骤

（1）将附图按标准图上色。

（2）阅读综合水文地质图，包括图名、比例尺、图式、图例。

（3）参考读图提纲，每个同学在认真阅读的基础上进行课堂讨论。

（4）提交一份 H-48-（20）峨眉幅综合水文地质图中碳酸盐岩裂隙岩溶水水文地质特征的文字报告。

三、读图提纲

1. 区域自然地理条件

（1）地形：根据地形等高线、水文网的分布情况及剖面图分析。

（2）气候：据表 7.1 分析本区降雨和气温特征。

（3）水文：分析本区主要水系发育分布情况，结合表 7.2 分析其流量变化。

2. 区域地质条件

（1）地层：分析层序、时代、岩性、接触关系、出露及分布情况。

（2）构造：分析褶皱与断层特征及其对地下水形成、分布的影响。

3. 区域水文地质条件

（1）分析含水岩组与隔水岩组。

（2）分析各含水岩组基本水文地质特征，包括出露分布、岩性、裂隙和溶隙的发育情况等。分析泉的出露条件类型，根据泉流量及井、钻孔的涌水量确定其富水性（见表 7.3）。

4. 重点分析 T_{2L}、P_{1Y} 碳酸盐岩裂隙岩溶水的水文地质特征

分析出露分布、岩性、岩溶发育情况，构造对岩溶发育的控制作用，岩溶大泉的出露条件、类型、流量、水质变化情况，据表 7.4、7.5 所给资料绘制 109 号泉（T_{2L}）与 159 号泉（P_{1Y}）的动态曲线图，分析其补、径、排条件。

表 7.1　气象资料索引表

站名	项目	月 年	1	2	3	4	5	6	7	8	9	10	11	12	全年
峨眉山	气温/°C	1951—1977 年（27 年平均）	−6.1	−4.9	−0.5	3.1	6.1	8.9	11.9	11.2	7.9	3.3	−1.0	−4.0	3
	相对湿度/%		77	81	82	86	88	87	88	89	92	92	88	79	86
	降水量/mm		17.3	27.6	55.6	115.7	177.2	240.8	386.9	467.4	239.4	115.2	48.8	20.7	912.6
乐山	气温/°C	1951—1977 年（27 年平均）	7.1	8.8	13.6	18.2	21.6	23.9	26	25.8	22.0	17.5	13.2	8.8	17.2
	相对湿度/%		80	80	76	76	77	80	84	83	85	86	83	83	81
	降水量/mm		16.1	25.6	40.8	81.9	129.4	168.2	324.1	307.8	159.6	80.8	35.7	14.8	1 384.8
	蒸发量/mm	1948、1950—1953 年(5 年平均)	22.9	27.2	42	62.9	86.2	79.1	89.1	94.1	51.5	35.4	22.7	18.5	617.1

表 7.2　峨眉幅主要河流径流量表　　m^3/s

河流名称	观测站名	年平均＼月	1	2	3	4	5	6	7	8	9	10
岷江	五通桥	1964－1975	677.5	626.0	727.9	1 069.1	1 986.8	3 545.8	5 319.2	4 886.8	4 558.3	3 134.2
青衣江	千佛岩	1937－1962	133.7	136.9	207.3	329.2	464.6	589.8	1 234.3	861.3	861.3	587.4
大渡河	福禄镇	1971－1975	443.2	407.2	437	580.2	1 190.4	2 562	2 716	2 162	2 342	1 928

河流名称	观测站名	年平均＼月	11	12	全年月平均流量 /(m^3/s)	最大流量 /(m^3/s)	最小流量 /(m^3/s)	年平均流量 /($10^8m^3/a$)	年径流模数 /[L/(s · km^2)]
岷江	五通桥	1964－1975	1 710.8	1 011.3	2 437.8	5 319.2	626	772.6	19.35
青衣江	千佛岩	1937－1975	337.4	192.8	542.4	1 394.2	133.7	171.2	46.11
大渡河	福禄镇	1971－1975	972.2	580	1 356	5 464	406.4	427.9	17.72

表 7.3　岩溶大泉流量一览表

泉编号	出露高程 /m	含水层		泉的类型	构造部位	流量 /(L/s)	水化学类型	矿化度 /(g/L)
		时代	岩性					
89	980	T_{2L}	灰白色中厚层状白云岩	岩溶裂隙下降泉	高庙斜冲断层 SW 盘	2 300	$SO_4 \cdot HCO_3 - Ca \cdot Mg$	0.219
90	930	T_{2L}	浅灰色中厚层状灰质白云岩	岩溶断层泉	高庙斜冲断层 NE 盘	428.08	$HCO_3 \cdot SO_4 - Ca$	0.207
92	1090	T_{2L}	深灰色灰质白云岩	岩溶断裂下降泉	张村斜冲断层 NE 盘	100	$SO_4 \cdot HCO_3 - Ca \cdot Mg$	0.366

续表 7.3

泉编号	出露高程/m	含水层		泉的类型	构造部位	流量/(L/s)	水化学类型	矿化度/(g/L)
		时代	岩性					
106	650	T_{2L}	灰色薄层灰岩	岩溶上升泉群	牛背山背斜NE翼	234.64	SO_4-Ca	1.32
109	550	T_{2L}	中厚层状黑灰色灰岩	岩溶裂隙下降泉	二峨山背斜NW翼	159	$HCO_3 \cdot SO_4-Ca \cdot Mg$	0.59
110	530	T_{2L}	灰岩和白云质灰岩	岩溶下降泉	二峨山背斜NW翼	453	$HCO_3 \cdot SO_4-Ca \cdot Mg$	0.21
111	490	T_{2L}	白云岩	岩溶裂隙下降泉	二峨山背斜NW翼	404	$HCO_3 \cdot SO_4-Ca \cdot Mg$	0.213
112	500	T_{2L}	中厚层状灰质白云岩	岩溶裂隙下降泉	二峨山背斜NW翼	339	$HCO_3 \cdot SO_4-Ca \cdot Mg$	0.287
152	800	T_{2L}	灰色中厚层状灰质白云岩	溶隙上升泉群	龙池向斜轴部	81.229	$HCO_3 \cdot SO_4-Ca \cdot Mg$	0.306
154	680	T_{2L}	白云质灰岩	岩溶下降泉	大为背斜西翼	504	$SO_4 \cdot HCO_3-Ca \cdot Mg$	0.427
86	1 235	P_{1Y}	灰岩	岩溶裂隙下降泉	淌水沟背斜NW倾没端	817.8	$HCO_3-Ca \cdot Mg$	0.078
91	1 140	P_{1Y}	厚层状灰岩	岩溶断裂下降泉	青丝沟断裂	1 400	$HCO_3-Ca \cdot Mg$	0.113
102	1 260	P_{1Y}	中厚层状灰岩	岩溶下降泉	大峨山背斜W翼	1 181	HCO_3-Ca	0.088
103	1 220	P_{1Y}	深灰色中厚层灰岩	岩溶断裂下降泉	万年寺斜冲断层上盘	112.63	$HCO_3-Ca \cdot Mg$	0.084
151	800	P_{1Y}	灰岩	岩溶裂隙下降泉	廖坝向斜SE翼	291	$HCO_3-Ca \cdot Mg$	0.115
159	460	P_{1Y}	灰岩	岩溶下降泉	二峨山背斜NW翼	355～5 203(长观)	HCO_3-Ca	0.129

表 7.4　出水洞（109 号泉 T_{2L}）长观资料

年 / 月 / 观测项目	1977 年						1978 年						
	7	8	9	10	11	12	1	2	3	4	5	6	7
降水量/mm	400	310	340	110	50	20	5	5	40	150	130	160	
气温/°C	25.5	31	27	21	15	13	8.5	11	14	15	24.5	23	27
流量/(L/s)	195	305	280	255	230	110	105	80	90.5	165	130	280	320
水温/°C	17.5	18	17	17.5	17	16.5	16.5	16.5	16.8	17	17.5	17.5	17.5
矿化度/(mg/L)	305	210	350	350	380	510	620	635	635	545	340	310	370

表 7.5　鱼水洞（159 号泉 P_{1Y}）长观资料

年 / 月 / 观测项目	1977 年						1978 年						
	7	8	9	10	11	12	1	2	3	4	5	6	7
降水量/mm	400	320	360	190	75	20	18	15	50	160	140	180	
气温/°C	27	32	23.5	21	15	10	9.0	12	14	15.5	23	24	29
流量/(L/s)	200	280	190	220	130	100	110	75	90	110	80	140	270
水温/°C	16	17	16.8	16.5	17	17.5	16.5	17	17.5	16.5	17	17	17.5
矿化度/(mg/L)	105	110	105	130	100	130	155	145	135	125	150	155	145

实验八　潜水平面渗流实验

一、实验目的

（1）了解潜水平面稳定运动时水头分布情况及浸润曲线（潜水面）的变化特点。

（2）学习室内利用地质物理模型研究地下水平面稳定运动的方法，并通过实测资料，运用理论公式计算渗透系数和水位。

（3）学习绘制流网，以描绘渗流空间各点的运动要素。

（4）用示踪剂测定地下水实际流速，并与理论公式计算的地下水实际流速进行比较，分析形成差异的原因。

（5）模拟地下水受到不同污染时采用不同处理剂的净化效果（适用于环境工程专业）。

（6）观测不同水力条件下地下水中溶质迁移转化的规律（适用于环境工程专业）。

二、实验仪器装置

仪器主要由渗流实验箱，给、排水溢流箱，测压管，闭路循环的给、排水系统等组成。

（1）渗流实验箱是模型的主体，其中放置模型实验的渗透介质（本模型采用经过筛分的标准石英砂）。为便于观测，箱体采用全透明有机玻璃材料。为控制上、下游水位，在渗流实验箱体的首端和末端附有可升降的给、排水溢流箱。

（2）在渗流实验箱的一侧及底板 7 个断面设置有测压管，实验时可测定相应测点的水位值。

（3）实验时，模型的渗流量可在渗流箱体下游末端的排水溢流箱用流量计或量筒测得。

（4）储水箱位于仪器的下层，用于储存实验用水。实验时通过设置于水箱内的水泵将实验用水送至给水溢流箱，溢出水流通过回水管回流至储水箱，实验时不需外接水源。实验装置及水循环见图 8.1～8.3。

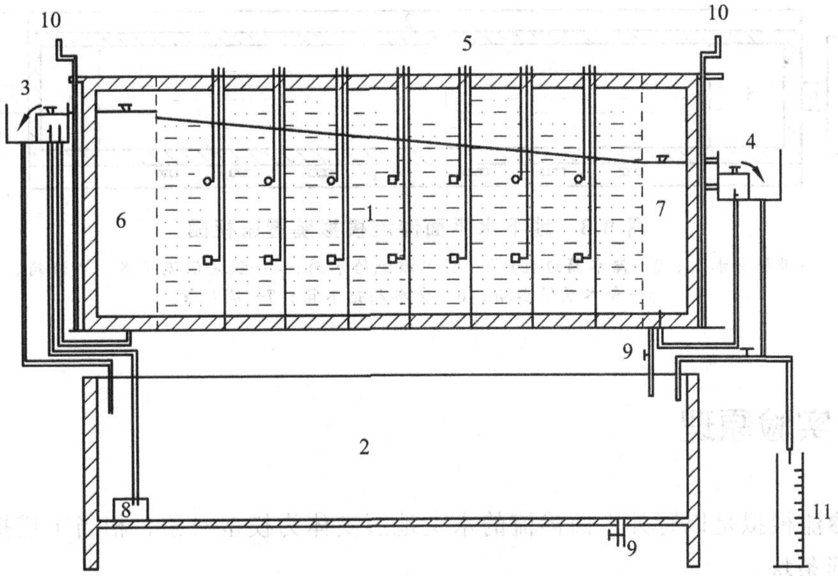

图 8.1　地下水平面渗流实验原理及水循环示意图

1—模拟含水层；2—储水箱；3—稳定流供水系统；4—稳定流排水测流系统；5—侧压管；6—供水箱；7—排水箱；8—水泵；9—排水口；10—升降装置；11—量筒

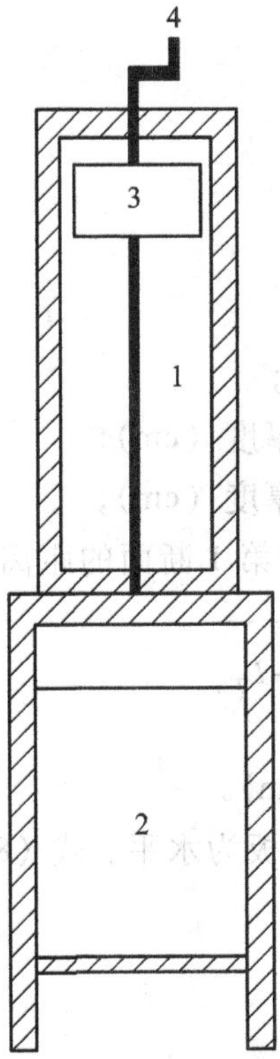

图 8.2　地下水平面渗流模拟装置侧视图

1—模拟含水层；2—储水箱；3—稳压溢流箱；4—升降装置

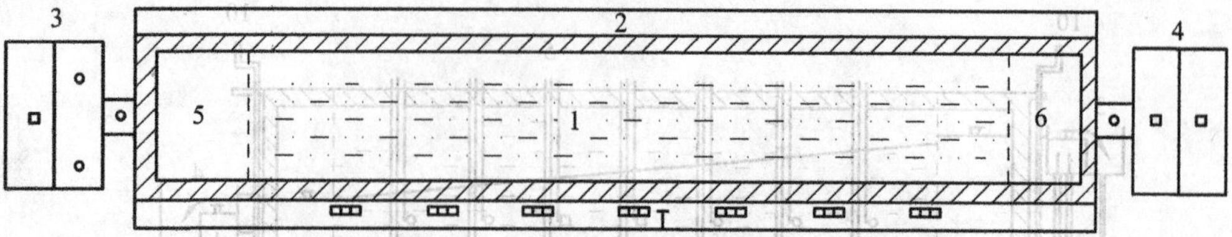

图 8.3　地下水平面渗流模拟装置俯视图

1—模拟含水层；2—储水箱边框；3—稳定溢流给水箱；4—稳定溢流排水、测流箱；5—含水层供水箱；6—含水层排水箱；7—测压管

三、实验原理

平面渗流模拟是以野外平面渗流的水文地质实体为模型对象，相当于模拟实际渗流区的一矩形条块。

渗流模拟通过对模型中各运动要素进行观测，其结果按一定比例放大，以获得与自然界渗流相对应的运动要素。因此，模型一定要遵循相似模拟的原则，即几何相似、运动相似、动力相似、边界相似的原则。其运动规律都可以用裘布依方程形式来描述，即：

流量方程为　$$Q = Kb\frac{h_7^2 - h_1^2}{2L_{7-1}} \tag{8.1}$$

式中　Q ——渗流水量（cm^3/s）；

K ——渗透系数（cm/s）；

b ——模拟含水层宽度（cm）；

h_7 ——最上游端断面含水层厚度（cm）；

h_1 ——最下游端断面含水层厚度（cm）；

L_{7-1} ——上游第 7 断面至下游第 1 断面的距离（cm）。

水头方程为　$$h_i = \sqrt{h_7^2 - \frac{h_7^2 - h_1^2}{L_{7-1}} L_{7-i}} \tag{8.2}$$

式中　h_i ——任意断面的水头值（cm）。

其他各项同式（8.1）。因含水底板为水平，式（8.1）中的含水层厚度读数与式（8.2）中含水层水头值相同。

四、实验内容与步骤

（1）接通电源，打开水阀，调节上、下游溢流箱水位差（约 15 cm），待各测压管水位稳定。

观察并讨论：

① 同一铅垂断面上各测压管水位上高下低的原因。

② 对比分析上、下游不同断面上相应各测压管水位的差值及下游大于上游的原因。

（2）测定仪器参数和测压管水位及流量。

① 测量渗流箱宽 b、底板高程 Z 及各断面到排水边界距离 $L_1 \sim L_7$，记录于表 8.1。

② 读出各测压管水位记录于表 8.1。注意勿观测死水位，当地下水位低于测压管接口孔时，可能在 U 形管中存在死水。对于测压管中死水可采用洗耳球注气体判别，管中受压水流入砂中之后，测压管水位自动上升恢复原位，则测压管接口孔在地下水中。若测压管中水位不能恢复原位，则测压管接口位于地下水面以上，测压管中为死水位。

③ 保持排水溢流箱位置不移动，用容积法测流量，将数据记于表 8.2。

④ 保持上游水位不变，降低下游水位重复②及③的操作。

⑤ 测定地下水实际流速：在供水箱注入红色示踪剂，计时，分别观测到达第 1～7 断面的时间，记录于表 8.4。

表 8.1 仪器参数及测压管水位记录

内容	断面 / 测次		7	6	5	4	3	2	1
测压管水位 H_i/cm	1	上							
		中							
		下							
	2	上							
		中							
		下							
各断面到排水边界距离 L_i/cm									
渗流槽宽 b/cm						槽底高程 Z/cm			

表 8.2 测流记录及 K 值计算表

项目 / 测次	水量 W/cm^3	时间 t/s	流量 $Q/(\mathrm{cm}^3/\mathrm{s})$	断面含水层厚度 h/cm		渗透系数 K/(cm/s) $K = 2L_{7-1}Q/[b(h_7^2 - h_1^2)]$	
				h_7	h_1		
1							平均
2							

表 8.3 含水层厚度计算表

测次	项目 / 断面	实测含水层厚/cm			计算含水层厚 $h_i=\sqrt{h_7^2-\frac{h_7^2-h_1^2}{L_{7-1}}\times L_{7-i}}$ /cm			
		h_7	h_6	h_5	h_4	h_3	h_2	h_1
1								
2								

表 8.4 实际流速测定记录表

示踪剂投入时间 /s							
到达时间 /s	1 断面	2 断面	3 断面	4 断面	5 断面	6 断面	7 断面
距离/cm							
各断面实际流速 /(cm/s)							
平均流速 /(cm/s)							

五、计算成果

(1) 计算：依据实测流量及第 1 和第 7 断面含水层厚度 h_1、h_7，采用水平隔水底板潜水流量公式（8.1）来求解渗透系数，记于表 8.2 中。

(2) 根据 h_7、h_1，用水头方程（8.2）计算第 6 至第 2 断面的含水层厚度，记录于表 8.3 中。

六、作　业

(1) 完成表 8.1～8.4。

(2) 绘图。

① 在方格纸上，用实测及计算水位绘制潜水位线（即浸润曲线）图。实测值用实线，计算值用点线，比例采用 1∶10，要求所绘水位从供水箱水面至排水箱水面。

② 在同一方格纸上，利用各测压管水位，绘流网图。

(3) 利用所绘流网阐述：

① 渗流场边界条件；

② 渗流空间运动要素变化特征及规律。

(4) 根据实测地下水流速与计算的地下水实际流速进行比较，分析误差产生的原因（地下水实际流速 $U=V/\mu$，式中 V 为地下水渗透流速，$V=KI$，μ 为含水层给水度）。

(5) 提交地下水污染控制实验报告（适用于环境工程专业）。

实验九 潜水完整井抽水实验

一、实验目的

（1）了解地下水向潜水完整井稳定运动时水头分布情况及浸润曲线（潜水面）的变化特点。

（2）学习室内利用地质物理模型研究地下水向潜水完整井稳定运动的方法，并通过实测资料，运用理论公式计算渗透系数和水位。

（3）了解潜水完整单井抽水的方法，学会抽水试验资料的整理。

（4）用示踪剂测定地下水实际流速，并与理论公式计算的地下水实际流速进行比较，分析形成差异的原因。

（5）模拟地下水受到不同污染时采用不同处理剂的净化效果（适用于环境工程专业）。

（6）观测地下水在不同水力条件和三维运动状态下，地下水中溶质迁移和转化的规律（适用于环境工程专业）。

二、实验仪器装置

潜水完整井抽水模拟装置是一种模拟和研究地下水在抽水时向潜水完整井稳定渗流的物理模型。

仪器主要由井流实验箱，给水、抽水溢流箱，测压管（观测孔），闭路循环的给水、排水系统等组成。

（1）井流实验箱是模型的主体，其中放置模型实验的渗透介质（本模型采用经过筛分的标准石英砂）。为便于观测，箱体采用全透明有机玻璃材料。为控制上、下游水位，在渗流实验箱体的首端和末端设有可升降的给水、抽水溢流箱。

（2）在井流实验箱的一侧及底板 7 个断面设置有测压管，实验时可测定相应测点的水位值。

（3）实验时，模型的抽水量可以通过调节抽水溢流箱的高低来控制，在抽水溢流箱的出水口可用流量计或量筒测得其流量。

（4）储水箱位于仪器的下层，用于储存实验用水，实验时通过设置于水箱内的水泵将实验用水送至给水溢流箱，再输入给水箱提供实验用水，溢出水流通过回水管回流至储水箱，实验用水可循环使用，不需外接水源。

仪器装置及实验原理和水循环系统见图 9.1～9.3。

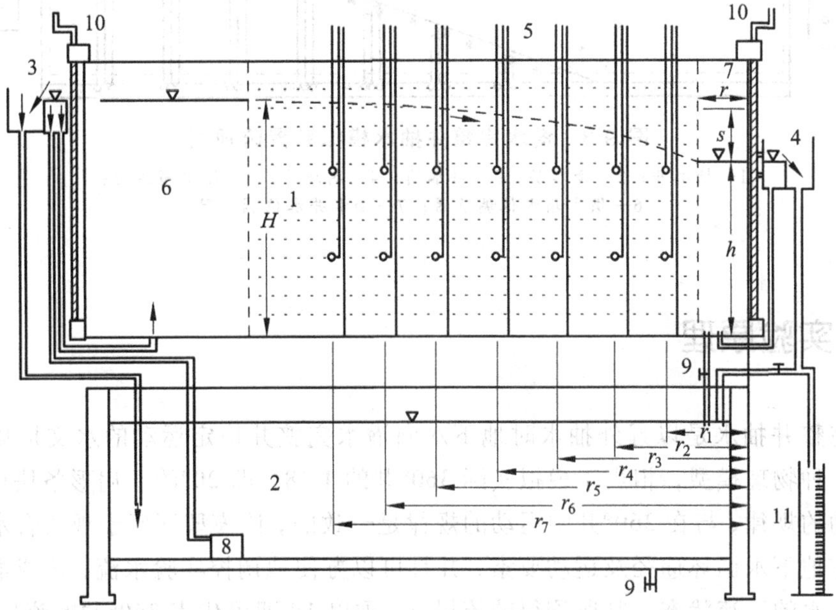

图 9.1 潜水完整井抽水实验原理及水循环示意图

1—含水层；2—储水箱；3—供水箱水位调节器；4—抽水井水位调节器；5—测压管；6—供水箱；7—抽水井；8—水泵；9—排水口；10—升降系统；11—量筒

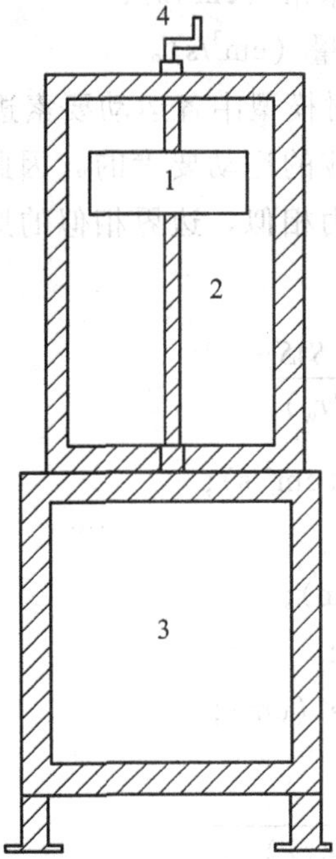

图 9.2 潜水完整井抽水模拟装置侧视图

1—供水箱水位调节器；2—含水层箱体；3—储水箱；4—升降系统

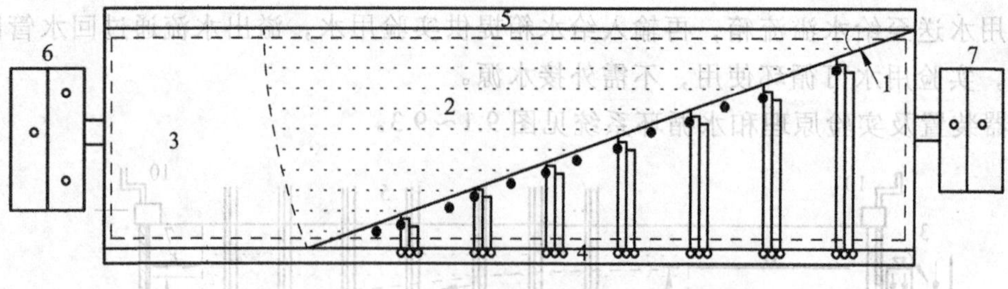

图 9.3　潜水完整井抽水模拟装置俯视图

1—抽水井；2—含水层；3—供水箱；4—测压管；5—储水箱边框；
6—供水箱水位调节器；7—抽水井水位调节器

三、实验原理

潜水完整井抽水是以野外抽水时地下水向潜水完整井稳定运动的水文地质实体为模型对象的一种物理模型，相当于模拟实际 360°井的 1/18，即 20°的一扇形条块体。地下水在其中运动的规律，与在 360°井中运动的规律是一致的，该模型还便于观察含水层及抽水井的结构与地下水循环途径及运动要素，并且可以方便地调控实验水流，形成潜水完整井抽水时地下水的渗流状态。其所测得的流量 q，乘以 18 即可代表 360°井的流量 Q，即：

$$Q=18q \tag{9.1}$$

式中　Q——潜水完整 360°井出水量（cm^3/s）；

q——潜水完整 20°井出水量（cm^3/s）。

潜水完整井抽水模拟是通过对模型中各运动要素进行观测，其结果按一定比例放大，以获得与自然界潜水完整井相对应的运动要素的。因此，模型一定要遵循相似模拟的原则，即几何相似、运动相似、动力相似、边界相似的原则。其运动规律都可以用裘布依井流方程形式来描述，即：

流量方程　$$Q=1.366K\frac{(2H-S)S}{\lg(R/r_w)} \tag{9.2}$$

式中　Q——潜水完整井出水量（cm^3/s）；

K——渗流系数（cm/s）；

H——潜水含水层厚度（cm）；

S——井中水位降深（cm）；

R——降落漏斗的影响半径（cm）；

r_w——井半径（cm）。

水头方程　$$h_i=\sqrt{\frac{(h_7^2-h_1^2)\ln(r_i/r_1)}{\ln(r_7/r_1)}+h_1} \tag{9.3}$$

式中　h_i——任意断面的水头值（cm）；

h_7——最上游断面含水层水头值（cm）；

h_1——最下游端断面含水层水头值（cm）；

r_7——最上游断面观测孔至抽水井中心距离（cm）；

r_1——最下游断面观测孔至抽水井中心距离（cm）。

因含水底板为水平，含水层厚度读数与式中含水层水头值相同。

四、实验内容与步骤

（1）接通电源，打开水阀，调节上游给水溢流箱的高度，使给水箱的水位略低于含水层顶面，试验过程中始终保持给水箱的水位不变。

（2）降低抽水溢流箱，使第一次形成井中较小水位降深 S，约 5 cm。待测压管水位及流量稳定后（注意测压管中不能有气泡或死水位），观察并讨论：

① 水流过程中各断面水位变化及同一铅垂断面上各测压管水位上高下低的原因。

② 对比分析上、下游不同断面上相应各测压管水位的差值，分析下游大于上游的原因。

③ 仔细观察井水位以上井壁的地下水渗出面，如井壁内外有水位差，即由水井水跃造成。

（3）测定仪器参数和测压管水位及流量。

① 测量抽水井半径 r_w 及各断面到抽水井中心距离 $L_1 \sim L_7$，记录于表 9.1 中。

表 9.1　仪器参数及测压管水位记录

内容	断面 / 测次		7	6	5	4	3	2	1
测压管水位 h_i/cm	1	上							
		中							
		下							
	2	上							
		中							
		下							
	3	上							
		中							
		下							
各断面到抽水井中心距离 r_i/cm									
抽水井半径 r_w/cm						含水底板高程 Z/cm			

② 读出各测压管水位记录于表 9.1 中。

③ 保持给水箱和抽水井溢流箱位置不移动，在抽水井溢流箱的出水口用容积法测流量，将数据记于表 9.2 中。

④ 测定流量：保持给水箱水位不变，降低抽水井水位 2 次，每次 5 cm 左右，重复②及③的操作。

⑤ 测定地下水实际流速：在供水箱注入红色示踪剂计，计时，分别观测到达第 7 至第 1 断面的时间，记录于表 9.4 中。注意观察从上游到下游不同断面流速的变化，分析其原因。

表 9.2　测流记录及 *K* 值计算表

项目 \ 测次	水量 W/cm^3	时间 t/s	20°井流量 $q/(\text{cm}^3/\text{s})$	流量 $Q/(\text{cm}^3/\text{s})$	断面含水层厚度 h/cm		渗透系数 $K/(\text{cm/s})$ $Q=1.366K\dfrac{(2H-S)S}{\lg(R/r_w)}$	
					h_7	h_1		平均
1								
2								
3								
4								
5								
6								

表 9.3　含水层厚度计算表

测次 \ 项目 / 断面	实测含水层厚/cm		计算含水层厚 $h_i=\sqrt{\dfrac{(h_7^2-h_1^2)\ln(r_i/r_1)}{\ln(r_7/r_1)}+h_1}$ /cm				
	h_7	h_1	h_6	h_5	h_4	h_3	h_2
1							
2							
3							

表 9.4　实际流速测定记录表

示踪剂投入时间/s							
到达时间/s	7 断面	6 断面	5 断面	4 断面	3 断面	2 断面	1 断面
距离/cm							
各断面实际流速/(cm/s)							
平均流速/(cm/s)							

五、作　业

(1) 完成表 9.1～9.4。

(2) 计算。

依据实测流量 Q 及抽水井含水层厚度 h_w 和第 7 断面含水层厚度 h_7，采用裘布依井流公式（9.2）求解渗透系数，记于表 9.2 中。

(3) 根据 h_7、h_1 断面观测孔平均水位，用水头方程（9.3）计算第 6 至第 2 断面的含水层厚度，记于表 9.3 中。

(4) 绘图。

① 单井抽水降位漏斗图：在方格纸上，用实测水位绘制降位漏斗图。

② Q-S 曲线图：在方格纸上，以 Q 为横坐标，S 为铅垂下降的纵坐标，绘制 3 次抽水的 Q-S 曲线图。

(5) 根据实测地下水流速（记录于表 9.4 中），分析各断面地下水流速有何差异，并与计算的地下水实际流速进行比较，分析误差产生的原因（计算地下水实际流速 $U=V/\mu$，式中 V 为地下水渗透流速，$V=KI$，μ 为含水层给水度）。

(6) 提交地下水污染控制实验报告（适用于环境工程专业）。

实验十　承压完整井抽水实验

一、实验目的

（1）了解地下水向承压完整井稳定运动时水头分布情况及承压面的变化特点。

（2）学习室内利用地质物理模型研究地下水向承压完整井稳定运动的方法，并通过实测资料，运用理论公式计算渗透系数和水位。

（3）了解承压完整单井抽水的方法，学会抽水试验资料的整理。

（4）用示踪剂测定地下水实际流速，并与理论公式计算的地下水实际流速进行比较，分析形成差异的原因。

（5）模拟地下水受到不同的污染时，采用不同处理剂的净化效果（适用于环境工程专业）。

（6）观测地下水在不同水力条件和二维运动状态下，地下水中溶质迁移和转化的规律（适用于环境工程专业）。

二、实验仪器装置

承压完整井抽水模拟装置就是一种模拟和研究地下水在抽水时向承压完整井稳定渗流的物理模型。

仪器主要由井流实验箱，给水、抽水溢流箱，测压管（观测孔），闭路循环的给水、排水系统等组成。

（1）井流实验箱是模型的主体，为20°的一扇形条块体。其中放置模型实验的渗透介质（本模型采用经过筛分的标准石英砂）。为便于观测，箱体采用全透明有机玻璃材料。为控制上、下游水位，在渗流实验箱体的首端和末端附有可升降的给水、抽水溢流箱。

（2）在井流实验箱的一侧及底板 7 个断面设置有测压管，实验时可测定相应测点的承压水位值。

（3）实验时，模型的抽水量可以通过调节抽水溢流箱的高低来控制，抽水溢流箱的位置越低抽水量越大。在抽水溢流箱的出水口可用流量计或量筒测得其流量。

（4）储水箱位于仪器的下层，用于储存实验用水，实验时通过设置于水箱内的水泵将实验用水送至给水溢流箱，再输入给水箱提供实验用水，溢出水流通过回水管回流至储水箱，实验时不需外接水源。

仪器装置及实验原理和水循环系统见图 10.1～10.3。

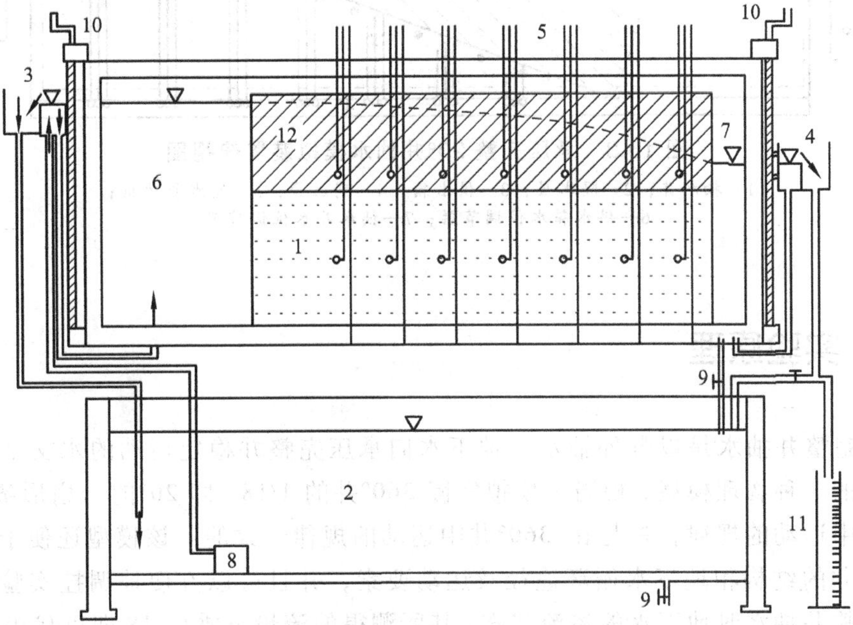

图 10.1 承压完整井抽水模拟实验原理及水循环示意图

1—含水层；2—储水箱；3—供水箱水位调节器；4—抽水井水位调节器；5—测压管；6—供水箱；7—抽水井；8—水泵；9—排水口；10—升降系统；11—量筒；12—隔水层

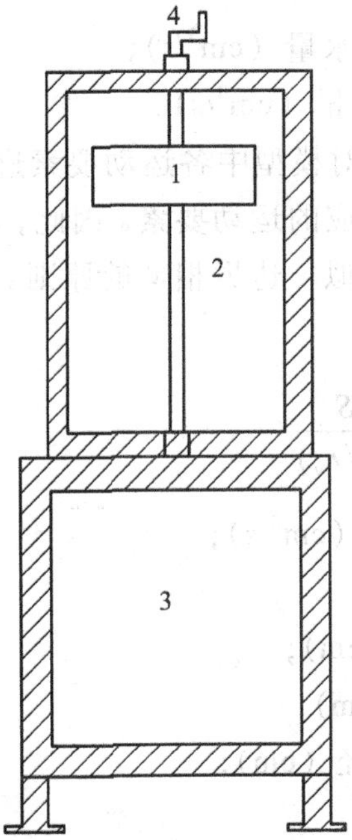

图 10.2 承压完整 20°井抽水模拟装置侧视图

1—供水箱水位调节器；2—含水层箱体；3—储水箱；4—升降系统

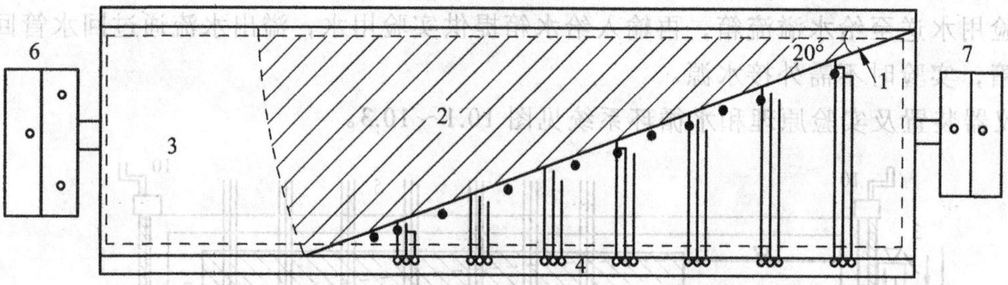

图 10.3　承压完整 20°井抽水模拟装置俯视图

1—抽水井；2—隔水层；3—供水箱；4—测压管；5—储水箱边框；
6—供水箱水位调节器；7—抽水井水位调节器

三、实验原理

承压完整井抽水是以野外抽水时地下水向承压完整井稳定运动的水文地质实体为模拟对象的一种物理模型，相当于模拟实际 360°井的 1/18，即 20°的一扇形条块体。地下水在其中运动的规律，是与在 360°井中运动的规律一致的。该模型还便于观察含水层及抽水井的结构和地下水循环途径及运动要素，并且可以方便地调控实验水流，形成承压完整井抽水时地下水的渗流状态。其所测得的流量 q 乘以 18 即可代表 360°井的流量 Q，即：

$$Q=18q \tag{10.1}$$

式中　Q —— 承压完整 360°井出水量（cm^3/s）；

q —— 承压完整 20°井出水量（cm^3/s）。

承压完整井抽水模拟是通过对模型中各运动要素进行观测，其结果按一定比例放大，以获得与自然界承压完整井相对应的运动要素。因此，模型一定要遵循相似模拟的原则，即几何相似、运动相似、动力相似、边界相似的原则。其运动规律都可以用承压完整井裘布依方程的形式来描述，即：

$$Q=2.732K\frac{MS}{\lg(R/r_w)} \tag{10.2}$$

式中　Q —— 承压完整井出水量（cm^3/s）；

K —— 渗流系数（cm/s）；

M —— 承压含水层厚度（cm）；

S —— 井中水位下降值（cm）；

R —— 降落漏斗的影响半径（cm）；

r_w —— 井半径（cm）。

式（10.2）就是反映地下水向承压完整井运动规律的方程式。公式表明，承压完整井的出水量 Q 与水位下降值 S 的一次方成正比，这就决定了 Q 与 S 间为线性关系，即随

着 S 值的增大，Q 的增加量将越来越大。

四、实验内容与步骤

（1）接通电源，打开水阀，调节上游给水溢流箱的高度，使给水箱的水位略低于隔水层顶面，试验过程中始终保持给水箱的水位不变。

（2）降低抽水溢流箱，使第一次形成井中较小水位降深 S，约 5 cm。待测压管水位及流量稳定后（注意测压管中不能有气泡或堵塞），观察并讨论：

① 水流过程中各断面水位变化及同一铅垂断面上各测压管水位下高上低的原因，为何与潜水抽水井不同（潜水抽水井各测压管水位上高下低）。

② 与潜水抽水井对比分析上、下游不同断面上相应各测压管水位有无差值，分析其原因。

（3）测定仪器参数和测压管水位及流量。

① 测量抽水井半径 r_w 及各断面到抽水井中心距离 $L_1 \sim L_7$，记录于表 10.1 中。

② 读出各测压管水位，记录于表 10.1 中。

③ 测定流量。保持给水箱和抽水井溢流箱位置不移动，当流量稳定后，在抽水井溢流箱的出水口用容积法测流量，将数据记于表 10.2 中。

④ 保持给水箱水位不变，降低抽水井水位 2 次，每次 5 cm 左右，重复②及③的操作。

⑤ 测定地下水实际流速。在供水箱注入红色示踪剂，分别观测到达第 7 至第 1 断面的时间，记录于表 10.3 中。

表 10.1　仪器参数及测压管水位记录表

内容	测次＼断面		7	6	5	4	3	2	1
测压管水位 h_i/cm	1	上							
		下							
	2	上							
		下							
	3	上							
		下							
各断面到抽水井中心距离 r_i/cm									
抽水井半径 r_w/cm						含水底板高程 Z/cm			

表 10.2　测流记录及 K 值计算表

项目 / 测次	水量 W/cm^3	时间 t/s	20°井流量 q/(cm^3/s)	流量 Q/(cm^3/s)	渗透系数 K/(cm/s) $Q=2.732K\dfrac{MS}{\lg(R/r_w)}$	
1						平均
2						
3						
4						
5						
6						
承压含水层厚度 M /cm						

表 10.3　实际流速测定记录表

示踪剂投入时间 /s							
到达时间 /s	7 断面	6 断面	5 断面	4 断面	3 断面	2 断面	1 断面
距离 /cm							
各断面实际流速 /(cm/s)							
平均流速 /(cm/s)							

五、作　业

（1）完成表 10.1～10.3。

（2）计算。

依据实测流量 Q 及含水层厚度 M 和井中水位下降值 S、降位漏斗的影响半径 R，采用承压完整井裘布依井流公式（10.2）来求解渗透系数，记录于表 10.2。

（3）绘图。

① 单井抽水降位漏斗图：在方格纸上，用实测水位绘制降位漏斗图。

② Q-S 曲线图：在方格纸上，以 Q 为横坐标，S 为铅垂下降的纵坐标，绘制 3 次抽

水的 Q-S 曲线图。

（4）将实测地下水流速记于表 10.3 中，并与计算的地下水实际流速进行比较，分析误差产生的原因（计算地下水实际流速 $U=V/\mu^*$，式中 V 为地下水渗透流速，$V=KI$，μ^* 为含水层弹性释水系数）。

（5）提交地下水污染控制实验报告（适用于环境工程专业）。

实验十一　绕坝渗流演示实验

一、实验目的

（1）了解水工建筑的结构。

（2）运用地下水运动的基本定律来分析坝下防渗帷幕的防渗原理，即：

$$Q = KF\frac{\Delta H}{L} \tag{11.1}$$

式中　Q —— 地下水的渗透水量(cm^3/s)；

K —— 地层渗透系数(cm/s)；

F —— 地下水过水断面(cm^2)；

ΔH —— 坝上、下游的水位差(cm)；

L —— 地下水的渗透距离(cm)。

（3）进一步观察水流的流态类型 —— 层流。

（4）进一步了解和熟悉坝下渗透水流运动的特征与规律。

二、实验仪器装置及功能

绕坝渗流演示仪（见图 11.1～11.3）是一种以窄缝槽装置模拟地下水绕坝（坝下）渗流的物理模型。其基本原理是根据液体在作层流运动时与地下水在层流状态下的平面运动相似的特点，在两块放置很窄的垂直平行板组成的模型中进行试验，利用窄缝槽中液体流动的原理来模拟液体通过多孔介质的运动规律，以了解并研究水工建筑物坝下渗流的运动态势和应该采取的防渗措施。

绕坝渗流仪模拟了在河流上修建水库筑坝后，形成了坝上、下游水位差，高水位的水库储水通过坝下向下游河段渗漏的过程，它主要由地下含水层（透水层）、模拟坝体、水库、供排水系统、排水槽、组装箱体等组成，现分述如下。

1. 地下含水层

绕坝渗流仪的主体，由两块垂直放置平行光滑的有机玻璃板组成窄缝槽，背面为乳白色有机玻璃板，前面为透明有机玻璃板，以便于观察水流过程。前、后面板间距 1 mm，等厚、极薄的有限空间即为模拟含水层，而且整个含水层均需保持 1 mm 间距，只有这样才能使窄缝槽中的渗透水流呈现出层流状态，从而满足实验要求。

2. 模拟坝体

在含水层中部偏上游处设计一大坝，坝基深入含水层中，坝基下分 3 种情况：Ⅰ型为未设防渗帷幕，Ⅱ型为设有 1 条防渗帷幕，Ⅲ型为设有 2 条防渗帷幕。

通过设置大坝，形成上游库水和下游河水水位差，由此产生渗漏水流。

3. 供、排水系统

在含水层上游端点，依附前、后面板，设置了两个供水槽，槽底分别打有泄水孔向含水层供水。其中后面槽为清水，前面槽为红色示踪剂，两个供水槽分别接受放置于仪器箱顶部的两个储水盒的供水补给。供水槽与储水盒由软管相连，软管中部设有微调控制阀以控制供水量的大小。

含水层下游端设有排水槽，整个系统使模拟的含水层形成一个完整的补给、径流、排泄功能独立的水文地质单元。

三、实验原理与步骤

1. 实验基本原理

本实验的基本原理是基于地下水运动的基本定律 $Q = K F \Delta H / L$ 来分析和了解坝下渗透水流运动的特征与规律，从而采取相应的防渗工程措施减小或消除库水渗漏及因库水渗漏产生的坝下潜蚀作用，达到水库设计的技术功能。

2. 实验步骤

（1）将仪器箱顶部的供水盒加满实验用水（一盒为清水，一盒为红色示踪剂）。

（2）打开清水开关，控制流量约 0.1 L/s，3～5 min 后，出水口有水流出。

（3）当出水口有清水流出时，打开示踪剂开关，控制流量约 0.05 L/s，约 1 min 后开始形成红色水流迹线。因实验是在稳定流的条件下进行，流线与迹线重合，此时红色迹线即可代表坝下渗透水流流线。

四、实验成果与问题讨论

（1）分别观察Ⅰ、Ⅱ、Ⅲ型仪器显示的坝下渗透水流流线，渗流途径和形态上有何差别，分析其形成原因。

（2）用达西公式解释防渗帷幕的防渗原理。

（3）沿流程不同断面处的渗流流速有何不同，为什么？

（4）依据各仪器渗流演示区显示的红色迹线（代表流线）在图 11.1～11.3 上画出流线，并根据流线画出坝下渗流的水头线，绘制成流网。

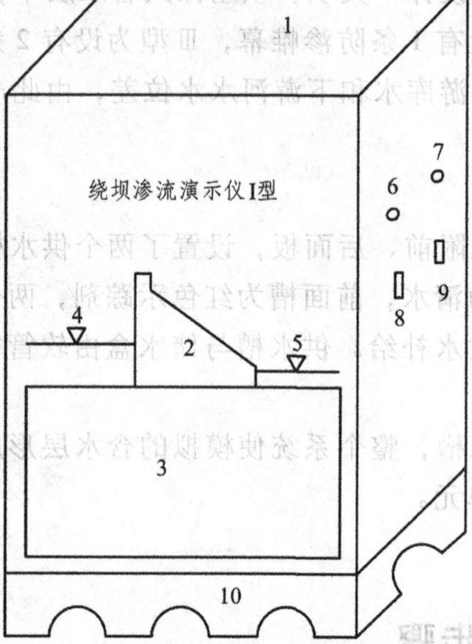

图 11.1　绕坝渗流演示仪（Ⅰ型无帷幕）

1—组装箱体；2—坝体；3—渗流演示区；4—坝上水位；5—坝下水位；6—流量控制阀；7—示踪迹控制阀；8—流量观测孔；9—示踪迹观测孔；10—箱体支架

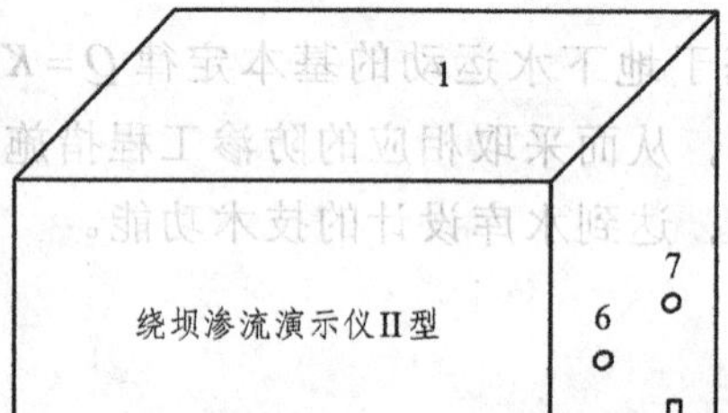

图 11.2　绕坝渗流演示仪（Ⅱ型单帷幕）

1—组装箱体；2—坝体；3—渗流演示区；4—坝上水位；5—坝下水位；6—流量控制阀；7—示踪迹控制阀；8—流量观测孔；9—示踪迹观测孔；10—箱体支架；11—防渗帷幕

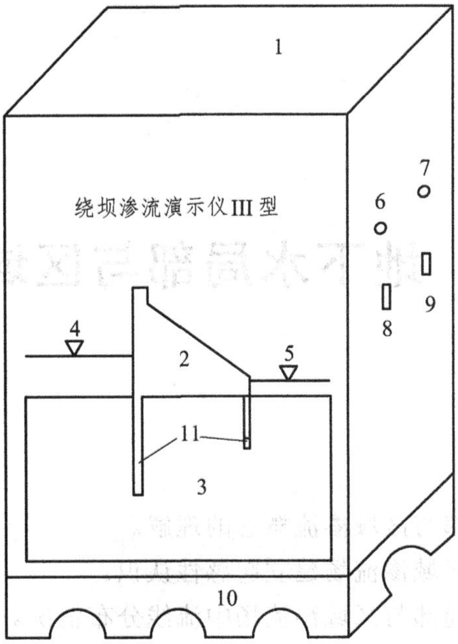

图 11.3　绕坝渗流演示仪（Ⅲ型双帷幕）

1—组装箱体；2—坝体；3—渗流演示区；4—坝上水位；5—坝下水位；6—流量控制阀；7—示踪迹控制阀；8—流量观测孔；9—示踪迹观测孔；10—箱体支架；11—防渗帷幕

实验十二　地下水局部与区域渗流实验

一、实验目的

（1）加深对地下水局部与区域渗流概念的理解。
（2）对地下水局部与区域渗流场建立起感性认识。
（3）观察认识地下水局部与区域渗流场中流线分布情况。
（4）观察认识地下水局部与区域渗流水场中各点流速分布情况。

二、实验仪器装置及功能

地下水区域渗流演示仪是一种以窄缝槽中的层流水流来模拟地下水局部与区域渗流的动态物理模型，其基本原理是根据液体在作层流运动时与地下水在层流状态下的平面运动定律相似的特征，按照动态相似的模拟原理制作窄缝槽层流水模型来模拟地下水局部与区域渗流状态，将其形象直观地展现出来，以认识和解决地下水区域渗流水的各种实际问题。

本模型按照地下水局部与区域渗流场的一般结构设计，仪器由 3 大部分组成，其结构和功能分述如下。

1. 渗流演示区

相当于模拟含水层，由有机玻璃窄缝槽体组成，其空间为 31 cm×18 cm×0.1 cm，用来模拟地下水渗流场中的一个垂向断面，其功能为：
（1）展现地下水区域渗流场中流线分布状态。
（2）展现地下水区域渗流场中深浅两套水循环系统的叠置情况。
（3）展示地下水区域渗流场中流速流量的分布差异。
（4）展现边界条件对地下水渗流状态的控制作用。

2. 供水槽与供水盒

主要用来模拟地下水渗流场的补给边界，即模拟大气降水垂向均匀补给状态。

3. 排水孔

主要用来模拟地下水区域渗流场的排泄状况。其中位置较高的排泄点，用来模拟区域渗流场中地下水的局部排泄点，即人工开挖的地下硐室；位置较低的排水孔则模拟区域渗流水的主排泄点。

三、实验步骤

（1）将仪器顶部供水盒加满实验用水（一盒清水，一盒示踪红水）。

（2）打开清水开关控制流水量约 0.2 mL/s，3～5 min 后排泄孔出口有水流出。

（3）当出口有清水时，打开示踪红水开关，控制流水量约 0.05 mL/s，约 1 min 后开始形成红色水流迹线。因实验是在稳定流的条件下进行，流线与迹线重合，此时红色迹线即可代表流线。

（4）当渗流场内流线稳定后，打开位置较高的排泄孔，控制局部流线汇集于孔中排泄，即形成和呈现出区域渗流场中的深浅二套循环系统的叠置状态，控制排泄强度观察其变化。

（5）观察各流线差异与变化，在红色供水槽中间断供给示踪红水就可观察到各流线的水流速度差异。

四、作　业

（1）依据仪器显示的红色迹线（代表流线）在图 12.1 上绘制渗流区的流网。

（2）在制绘的流网图上划分出局部与区域水流循环系统的分区。

（3）分析局部与区域水循环系统的大小和形成的控制条件。

（4）分析渗流区流速与分布差异的原因。

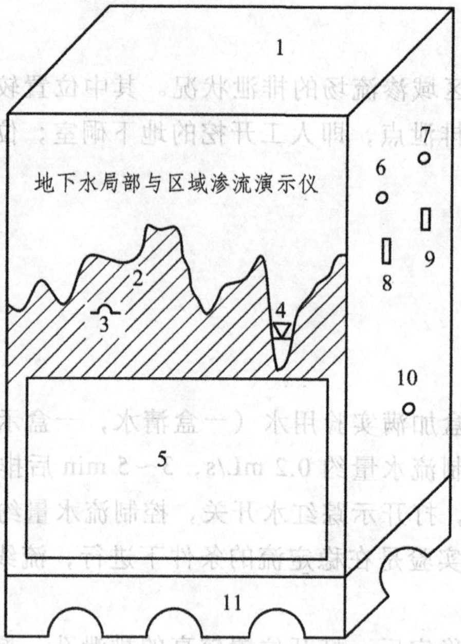

图 12.1　地下水局部与区域渗流演示仪

1—组装箱体；2—山体；3—地下硐室；4—河流；5—渗流演示区；6—流量控制阀；7—示踪迹控制阀；8—流量观测孔；9—示踪迹观测孔；10—地下硐室流量控制阀；11—箱体支架

实验十三　地下分水岭演示实验

一、实验目的

（1）了解地下分水岭的形成和迁移条件，熟悉与潜水有关的基本概念，增强对潜水补给、径流和排泄的感性认识。

（2）加强对流网概念的理解，培养综合分析问题的能力。

二、实验仪器

地下分水岭演示仪（见图 13.1）是运用窄缝槽原理和技术（详见教材《地下水动力学》第五章“研究地下水运动的模拟方法”）模拟河间地块地下水分水岭的形成和迁移过程的实验装置。

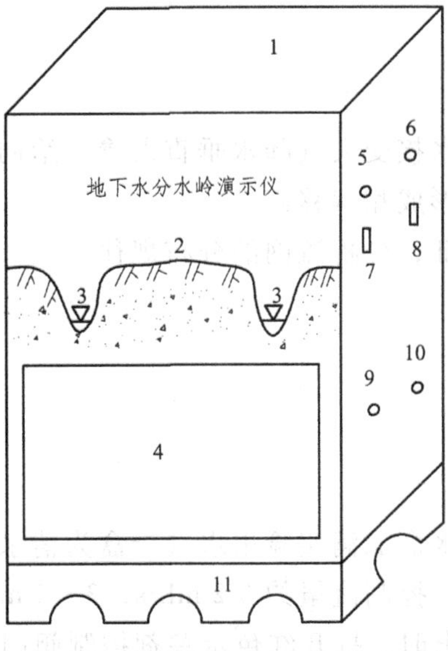

图 13.1　地下水分水岭演示仪

1—组装箱体；2—河间地块；3—河流；4—渗流演示区；5—流量控制阀；6—示踪迹控制阀；7—流量观测孔；8—示踪迹观测孔；9，10—河水位调节阀；11—箱体支架

仪器的主要组成部分及功能如下所述。

1. 河间地块含水层

这是地下分水岭演示仪的主体，由两块垂直放置平行光滑的有机玻璃板组成窄缝槽，背面为乳白色有机玻璃板，前面为透明的有机玻璃板，前后面板间距 1 mm，等厚、极薄的有限空间即为模拟的河间地块含水层。

2. 模拟河流

在河间地块含水层左右两侧，各设置了一条河流，其中左侧的河流可调节河水位为高水位或低水位，以控制地下分岭的偏移。

3. 供、排水系统

在河间地块含水层顶部，设置了两个供水槽，槽底等间距打有泄水孔向含水层供水，模拟河间地块含水层接受大气降水垂直入渗补给。其中一个槽为清水，另一个槽为红色示踪剂。两个供水槽分别接受放置于仪器箱顶部的两个储水盒的供水补给，供水槽与储水盒由软管相连，管路中段设有微调控制阀和流量观察孔，以控制供水量的大小。

在河间地块含水层左、右两侧河床底部设有排水孔，以模拟河间地块地下水向河流排泄，并可分别控制两侧河流水位。

整个系统使模拟含水层形成一个具有补给、径流、排泄功能的独立水文地质单元。

三、实验内容

（1）观察河间地块地下水接受大气降水垂直入渗补给向河谷排泄时流线的特征。

（2）观察地下分水岭的形成和偏移。

（3）通过观察流线的特征，分析流网的分布规律。

四、实验步骤

（1）将仪器箱顶部的供水盒加满实验用水（一盒为清水，一盒为示踪剂）。

（2）打开清水控制阀门，控制流量约 0.2 mL/s，3～5 min 后，出水口有水流出。

（3）当出水口有清水溢出时，打开红色示踪剂控制阀门，控制流量约 0.05 mL/s，约 1 min 后，渗流演示区出现红色水流迹线（因实验是在稳定流、层流条件下进行的，水流迹线与流线重合），此时红色水流迹线即可代表河间地块地下水的流线，同时根据流线流向观察分析分水岭的位置。

(4) 观察地下分水岭的形成和偏移，关闭渗流演示区左下侧河流水位控制阀，打开河流高水位控制阀，此时地下分水岭将向高水位河流一侧偏移。

五、作　业

(1) 根据步骤 (3) 显示的流线在实验用图上画出流线和等水头线组成流网。

(2) 对于河间地块含水层，当河水位不等时，地下分水岭偏向哪一侧？试分析其原因。

实验十四　潜水井流演示实验

一、实验目的

（1）了解地下水向潜水井运动的特征、水头分布情况及浸润曲线（潜水面）的变化特点。

（2）熟悉抽水试验的基本概念，通过观察对抽水井水位降深、降位漏斗、潜水面的形状等建立感性认识。

（3）学习室内利用窄缝槽地质物理模型研究地下水向潜水井运动的方法。

二、实验仪器装置及功能

潜水井流演示仪是一种以窄缝槽理论和技术来模拟地下水向潜水井渗流的动态物理模型。Ⅰ型为完整井，Ⅱ型为非完整井（见图 14.1、图 14.2）。

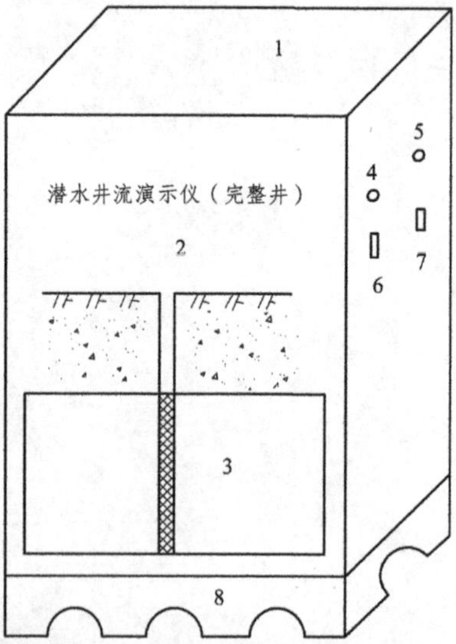

图 14.1　潜水井流演示仪（完整井）

1—组装箱体；2—抽水井（完整井）；3—河流演示区；4—流量控制阀；5—示踪迹控制阀；6—流量观测孔；7—示踪迹观测孔；8—箱体支架

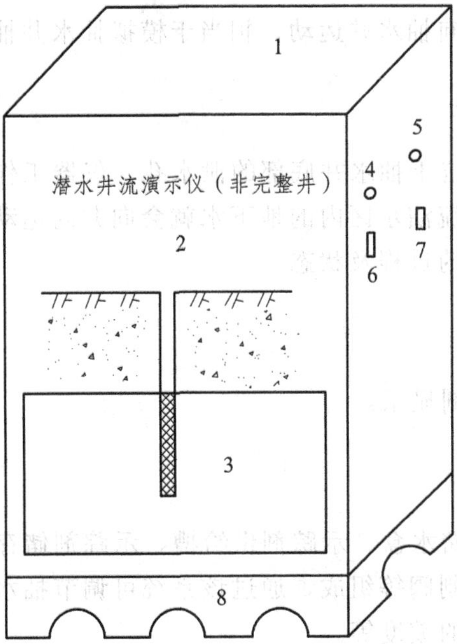

图 14.2　潜水井流演示仪（非完整井）

1—组装箱体；2—抽水井（非完整井）；3—井流演示区；4—流量控制阀；5—示踪迹控制阀；6—流量观测孔；7—示踪迹观测孔；8—箱体支架

其基本原理是根据液体在窄缝槽中作层流运动时与地下水在层流状态下在含水层中的运动定律相似的特征，按照相似模拟的原理制作窄缝槽模型来模拟地下水向潜水井渗流的状态，将其形象直观地展现出来，以认识和解决潜水井流的各种实际问题。

仪器按照地下水向潜水井渗流特点设计，由以下几部分构成。

1. 地下水井流演示区

由一长 280 mm、高 160 mm、宽 1.0 mm 的矩形窄缝槽空间为模拟地下水的井流演示区，地下水井流区垂向上的中心线为模拟的抽水井，抽水井半径为 2.5 mm。完整井深度至隔水底板深 160 mm，非完整井的深度为 100 mm，井底为泄水孔，实验时打开泄水孔，即可形成抽水井。

在剖面上是通过抽水井（地下水降位漏斗的圆心点）至地下水降位漏斗的圆周，垂直切水文地质剖面为模拟断面，该断面可以完整地展现地下水的潜水井运动的状态和特征。

其功能如下：

(1) 展现地下水向潜水井渗流的流线分布状态。

(2) 展现抽水井水位降深、降位漏斗及抽水时潜水面的形状。

(3) 展现潜水井渗流场中流速、流量的分布差异。

2. 地下水的补给装置

分别由垂直设置于井流演示区两侧的供水槽组成。仪器工作时，两侧的供水槽提供实验用水，地下水从侧面向抽水井运动，相当于模拟抽水井抽水时的定水头补给边界。

3. 地下水的排泄点

地下水的排泄点为设置于抽水井底部的泄水孔，仪器工作时打井泄水孔控制阀门，相当于抽水开始抽水，井流演示区内的地下水就会向井内运动，形成稳定的降位漏斗，呈现地下水向抽水井运动的过程及状态。

4. 水流迹线

水流迹线用红色示踪剂显示。

5. 流量控制系统

由连接清水供给槽、储水盒、示踪剂供给槽、示踪剂储存盒的管路，微调控制阀、流量观察孔以及抽水井控制阀等组成，通过该系统可调节抽水井抽水量的大小以及井中水位降深、水位降深曲线的坡度等。

三、实验步骤

（1）将仪器顶部供水盒加满实验用水（一盒清水，一盒示踪红水）。

（2）打开清水开关控制流量约 0.2 mL/s，约 3～5 min 后排泄孔出口有水流出。

（3）当出口有清水流出时打开示踪红水开关，控制流水量约 0.05 mL/s，约 1 min 后开始形成红色水流迹线。因实验是在稳定流的条件下进行，流线与迹线重合，此时红色迹线即可代表流线。

（4）当渗流场内流线稳定后，调节抽水井出水量的大小。待流量稳定后，观察井中水位降深、降位漏斗的形态以及地下水向抽水井运动时水流的特征，比较完整井和非完整井的水流特征有何差异。

四、作　业

（1）依据仪器显示的红色迹线（代表流线）在实验用图 14.1、图 14.2 上分别绘制潜水完整井、非完整井井流区的流网。

（2）试分析地下水向抽水井运动时是三维流还是二维流，裘布依井流公式推导时是看做三维流还是二维流，为什么？应用裘布依井流公式求解水文地质参数时，对井中水位降深有何要求？

实验十五　地下水化学成分分析

实验目的

（1）学习测定地下水中主要离子及主要污染指标的方法。
（2）熟悉水化学分析资料整理的基本方法。

第一部分　水中主要离子的测定

一、游离 CO_2 的测定

1. 方法提要

游离 CO_2 与 NaOH 或 Na_2CO_3 反应生成重碳酸钠，用酚酞指示剂滴定，到等当点时的 pH 值为 8.3，即可测定 CO_2 的含量。由于游离 CO_2 气体易从水中逸出，取样后应马上测定。

2. 试　剂

（1）酚酞溶液（1%）；
（2）标准 NaOH 溶液。

3. 分析方法

用移液管准确吸取水样 25 mL 于 150 mL 的三角瓶中，沿着三角瓶瓶壁慢慢放入，加酚酞溶液（1%）4 滴，用标准 NaOH 溶液滴定至溶液变成粉红色不消失为终点，记下消耗 NaOH 的用量 V_1 mL。

4. 计　算

$$\rho(\text{游离}CO_2)=\frac{C\times V_1\times 44.0}{V}\times 1\,000 \quad (\text{mg/L}) \qquad (15.1)$$

式中 C ——标准 NaOH 溶液的浓度（mol/L）；

V_1 ——滴定水样消耗标准 NaOH 溶液的体积（mL）；

V ——吸取水样的体积（mL）；

44.0 —— CO_2 的摩尔质量（g/mol）。

二、碱度的测定

1. 方法提要

在同一份水样中，先用酚酞作指示剂，标准盐酸溶液滴定；再用甲基橙作指示剂，继续用标准盐酸溶液滴定。两次滴定，根据所消耗标准盐酸的量，可测定碳酸根和重碳酸根的含量。

2. 试　剂

（1）酚酞溶液（1%）；

（2）甲基橙溶液（0.05%）；

（3）标准 HCl 溶液。

3. 分析方法

用移液管准确吸取水样 25 mL 于 150 mL 的三角瓶中，沿着三角瓶瓶壁慢慢放入，加入酚酞溶液（1%）4 滴，若溶液呈红色，则用标准 HCl 溶液滴至红色消失为终点，记下消耗标准 HCl 的用量 V_1 mL，继续在此水样中加入甲基橙溶液（0.05%）4 滴，用标准 HCl 溶液滴定到溶液由黄色突变为橙色，记下消耗标准 HCl 的用量 V_2 mL。

4. 计　算

（1）当 $V_1=0$ 时，$CO_3^{2-}=0$，则：

$$\rho(HCO_3^-)=\frac{C\times V_2\times 61.02}{V}\times 1\,000\quad (mg/L) \tag{15.2}$$

（2）当 $V_1\neq 0$ 时，$CO_3^{2-}=0$，则：

$$\rho(CO_3^{2-})=\frac{C\times V_1\times 60.01}{V}\times 1\,000\quad (mg/L) \tag{15.3}$$

$$\rho(HCO_3^-)=\frac{C(V_2-V_1)\times 61.02}{V}\times 1\,000\quad (mg/L) \tag{15.4}$$

（3）总碱度为：

$$\rho(\text{总碱度}CaCO_3)=\frac{C(V_1+V_2)\times 50.045}{V}\times 1\,000 \quad (mg/L) \tag{15.5}$$

式中 C——标准 HCl 溶液的浓度（mol/L）；

V_1——加酚酞溶液所消耗标准 HCl 溶液的体积（mL）；

V_2——加甲基橙溶液所消耗标准 HCl 溶液的体积（mL）；

V——所取水样的体积（mL）；

60.01——CO_3^{2-}的摩尔质量（g/mol）；

61.02——HCO_3^-的摩尔质量（g/mol）；

50.045——$CaCO_3$的摩尔质量（g/mol）。

三、氯离子的测定（$AgNO_3$滴定法）

1. 方法提要

在中性溶液中，$AgNO_3$与Cl^-反应生成白色 AgCl 沉淀，当Cl^-沉淀完全后，过量的$AgNO_3$与铬酸钾反应生成砖红色的（Ag_2CrO_4）沉淀，根据$AgNO_3$的消耗量计算氯离子的含量。

2. 试 剂

（1）铬酸钾溶液（10%）；

（2）标准$AgNO_3$溶液。

3. 分析方法

吸取水样 25 mL 于 150 mL 的三角瓶中，加入铬酸钾溶液（10%）5 滴，用标准$AgNO_3$溶液滴定至溶液刚出现不消失的微砖红色为终点，记下消耗$AgNO_3$的用量V_1 mL，同时吸取 25 mL 蒸馏水做空白V_0。

4. 计 算

$$\rho(Cl^-)=\frac{C(V_1-V_0)\times 35.45}{V}\times 1\,000 \quad (mg/L) \tag{15.6}$$

式中 C——标准$AgNO_3$溶液的浓度（mol/L）；

V_1——滴定Cl^-消耗标准$AgNO_3$溶液的体积（mL）；

V_0——滴定空白消耗标准$AgNO_3$溶液的体积（mL）；

V——吸取水样的体积（mL）；

35.45 ——Cl^-的摩尔质量（g/mol）。

四、硬度与钙、镁的测定（EDTA 滴定法）

1. 方法提要

在 pH＝10 时，以铬黑 T 作为指示剂，用 EDTA 标准溶液滴定 Ca、Mg 合量；另取一份溶液，在 pH＝12 的强碱性溶液中，以钙试剂作为指示剂，用 EDTA 标准溶液滴定 Ca^{2+}。两者之差即为 Mg^{2+}的含量。

2. 试　剂

（1）NaOH 溶液（2 mol/L）；

（2）$NH_4Cl\text{-}NH_3 \cdot H_2O$ 缓冲溶液（pH＝10）；

（3）铬黑 T 指示剂；

（4）Ca 指示剂；

（5）标准 EDTA 溶液。

3. 分析方法

吸取水样 25 mL 于 150 mL 的三角瓶中，加入 pH＝10 的缓冲溶液 3 mL，一小勺铬黑 T 指示剂，用标准 EDTA 溶液进行滴定，直到溶液刚变成纯兰色为止，记下消耗 EDTA 的用量 V_1 mL。

另取水样 25 mL 于 150 mL 的三角瓶中，加入 2 mol/L 的 NaOH 溶液 2 mL，一小勺钙试剂，用标准 EDTA 溶液进行滴定直到溶液刚变成纯兰色为止，记下消耗 EDTA 的用量 V_2 mL。

4. 计算

（1）Ca^{2+}的质量浓度：

$$\rho(Ca^{2+}) = \frac{C \times V_2 \times 40.08}{V} \times 1\,000 \quad (mg/L) \tag{15.7}$$

（2）Mg^{2+}的质量浓度：

$$\rho(Mg^{2+}) = \frac{C(V_1 - V_2) \times 24.3}{V} \times 1\,000 \quad (mg/L) \tag{15.8}$$

（3）总硬度为：

$$\rho(\text{总硬度}CaCO_3) = \frac{C \times V_1 \times 100.08}{V} \times 1\,000 \quad (mg/L) \tag{15.9}$$

式中　C——标准 EDTA 溶液的浓度（mol/L）；

V_1——滴定 Ca^{2+}、Mg^{2+} 合量消耗标准 EDTA 溶液的体积（mL）；

V_2——滴定 Ca^{2+} 消耗标准 EDTA 溶液的体积（mL）；

V——吸取水样的体积（mL）；

40.08——Ca^{2+} 的摩尔质量（g/mol）；

24.31——Mg^{2+} 的摩尔质量（g/mol）；

100.08——$CaCO_3$ 的摩尔质量（g/mol）。

五、硫酸根的测定（EDTA 间接滴定法）

1. 方法提要

在微酸性介质中，加入过量的 $BaCl_2$ 溶液，使 SO_4^{2-} 与 Ba^{2+} 生成 $BaSO_4$ 沉淀。过量的 Ba^{2+}，在 pH=10 的条件下，用 EDTA 标准溶液滴定。在滴定中原水样中的 Ca^{2+}、Mg^{2+} 也被滴定，因此，在计算中，应将水样中的总硬度计入。为了使滴定终点清晰，试液中需有一定量的 Mg^{2+} 存在，故在配制的 $BaCl_2$ 溶液中加有镁盐。

2. 试　剂

（1）铬黑 T 指示剂；

（2）Ba、Mg 混合液；

（3）标准 EDTA 溶液；

（4）1∶1 的 HCl 溶液。

3. 分析方法

吸取水样 25 mL 于 150 mL 的三角瓶中，加入一小片刚果红试纸，用 1∶1 的 HCl 酸化为兰色，加热煮沸，趁热加入钡、镁混合溶液 5 mL，边加边摇，再加热煮沸，并在微沸的状态下保持 1 h，取下，静置，冷却。向试液中加入 pH=10 的缓冲溶液 3 mL，一小勺铬黑 T 指示剂，用标准 EDTA 溶液滴定至溶液为纯蓝色时为终点，记下消耗 EDTA 的用量 V_1 mL。

另取蒸馏水 25 mL 于 150 mL 的三角瓶中（测定方法同上），记下消耗 EDTA 的用量 V_2 mL。

4. 计　算

$$\rho(SO_4^{2-})=\frac{C(V_2+V_3-V_1)\times 96.06}{V}\times 1\,000\quad (\text{mg/L}) \tag{15.10}$$

式中 C ——标准 EDTA 溶液的浓度（mol/L）；

V_1 ——滴定 SO_4^{2-} 消耗标准 EDTA 溶液的体积（mL）；

V_2 ——滴定空白消耗标准 EDTA 溶液的体积（mL）；

V_3 ——滴定 Ca^{2+}、Mg^{2+} 合量消耗标准 EDTA 溶液的体积（mL）；

V ——吸取水样的体积（mL）；

96.06 —— SO_4^{2-} 的摩尔质量（g/mol）。

第二部分　水中主要污染指标的测定

一、硝酸盐的测定

1. 方法提要

在紫外光谱区，硝酸根有强烈的吸收，其吸收值与硝酸根的浓度成正比。在波长 210～220 nm 处，可测定其吸光度。

水中溶解的有机物，在波长 210 nm 及 275 nm 下均有吸收，而硝酸根在 275 nm 时没有吸收。这样，需要在 275 nm 处作一次测定，以校正硝酸根的吸光度。本方法适用于测定自来水、井水、地下水和洁净地面水中的硝酸根。

2. 仪　器

紫外分光光度计、石英比色皿、50 mL 比色管等。

3. 试　剂

（1）1 mol/L 盐酸溶液。

（2）10% 氨基磺酸铵溶液。

（3）硝酸根标准储备溶液。称取 0.721 8 g 经 105～110 °C 干燥 2 h 的硝酸钾溶于水，移至 1 000 mL 容量瓶中定容，混匀。此溶液 1 mL 含 0.100 mg 的硝酸根。

（4）硝酸根标准溶液。吸取 10.0 mL 硝酸根标准储备溶液，移入 100 mL 容量瓶中定容，混匀。此溶液 1 mL 含 0.01 mg 硝酸根。

4. 分析步骤

（1）样品分析。

① 吸取水样 50 mL 于 50 mL 比色管中，加入盐酸溶液 1 mL，摇匀。

② 加入氨基磺酸铵溶液 1 mL，用蒸馏水稀释至刻度，摇匀。

③ 在紫外分光光度计上，波长 210 nm 处，用 1 cm 石英比色皿，以空白溶液作参比，测量吸光度。

④ 调整波长至 275 nm 处，用 1 cm 石英比色皿，以空白溶液作参比，测量吸光度。

（2）标准曲线绘制。

① 准确移取硝酸根标准溶液（1 mL＝0.01 mg）0、1.0、3.0、5.0、10.0、15.0 mL 于一系列 50 mL 比色管中，用蒸馏水稀释至 50 mL，以下步骤与样品分析相同。

② 以硝酸根浓度为横坐标，吸光度为纵坐标，绘制曲线。

5. 计　算

硝酸根含量按下式计算：

$$m_{NO_3^-} = m_{210} - 2m_{275}$$

$$\rho(NO_3^-) = \frac{A_{NO_3^-}}{V} \quad (mg/L) \tag{15.11}$$

式中　$m_{NO_3^-}$ ——减去有机物的吸值后，从标准曲线（λ＝210 nm）上查得的硝酸根量（μg）；

V ——所取水样体积（mL）。

二、亚硝酸盐的测定

1. 方法提要

在酸性溶液中，亚硝酸盐能与对氨基苯磺酰胺起重氮化作用，再与盐酸α-萘胺起偶氮反应，生成紫红色偶氮染料，于波长 540 nm 处测量吸光度。

2. 仪　器

分光光度计。

3. 试　剂

（1）对氨基苯磺酸溶液。称取对氨基苯磺酸 0.8 g 溶于 12%乙酸溶液 150 mL 中（低温加热并搅拌可加速溶解），冷却后储于棕色瓶中。

（2）α-萘胺溶液。称取α-萘胺 0.2 g 溶于数滴冰乙酸中，再加 12%乙酸溶液 150 mL，混匀，储于棕色瓶中。

（3）对氨基苯磺酸-α-萘胺混合溶液。测定前，将上述两种溶液等体系混合摇匀，此溶液应为五色。

（4）氢氧化铝悬浮溶液。称取硫酸铝 120 g 溶于 1 000 mL 蒸馏水中，慢慢加入浓氨水，使铝离子沉淀完全，放置澄清后倾去上层清液，加蒸馏水反复洗涤至无硫酸根和氯离子为止（用氯化钡溶液和硝酸银溶液检查），再向氢氧化铝胶体沉淀中加入 300 mL 蒸馏水，使用时摇匀。

（5）亚硝酸银标准储备溶液。称取在干燥器内放置 24 h 的亚硝酸钠 0.299 9 g，溶于纯水中并定容至 1 000 mL，加 2 mL 氯仿作为保护剂，此溶液 1 mL 含 0.2 mg 亚硝酸根。

（6）亚硝酸根标准溶液。吸取亚硝酸根标准储备溶液 10.00 mL，用纯水定容至 1 000 mL，此溶液 1 mL 含 2 μg 亚硝酸根。再取此溶液 10.0 mL 用纯水定容至 100 mL。此溶液 1 mL 含 0.2 μg 亚硝酸根。

4. 分析步骤

（1）样品分析。

① 吸取水样 50 mL 于 50 mL 比色管中，加对氨基苯磺酸-α-萘胺混合溶液 2 mL，混匀，放置 10 min。

② 在分光光度计上波长 520 m 处，用 1 cm 比色杯以空白溶液作参比，测量吸光度。

（2）标准曲线绘制。

① 准确移取亚硝酸根标准液（1 mL＝0.2 μg）0、0.2、0.5、1.0、2.0、3.0、5.0 μg 于一组 50 mL 比色管中，用蒸馏水稀释至 50 mL，以下步骤与样品分析相同。

② 以亚硝酸根浓度为横坐标，吸光度为纵坐标，绘制曲线。

5. 计　算

亚硝酸根含量按下式计算：

$$\rho(NO_2^-)=\frac{A}{V}\quad (mg/L) \tag{15.12}$$

式中　A——从标准曲线查得试样中的亚硝酸根量（μg）；

V——所取水样体积（mL）。

三、铵的测定

1. 方法提要

在碱性介质中，氨与碘化汞钾试剂反应，生成黄棕色的络合物，其颜色深度与铵离子浓度成正比。

水中存在的干扰物可用蒸馏法消除。当钙的含量超过 250 mg/L 时，应用磷酸盐缓冲溶液调节 pH 值为 7.4，才能保证氨的全部蒸出。有些脂肪族和芳香族胺类、丙酮、醛和醇类，会给直接法带来困难，使溶液颜色变黄、变绿或浑浊。应先在微酸性溶液中加热煮沸，先除去像甲醛一类的挥发性物质后再蒸馏；硫化物会使显色液浑浊，可加硫酸锌溶液使其沉淀后再蒸馏。一般地下水中干扰物甚微，加可入酒石酸钾钠后直接显色测定。

2. 仪　器

（1）全玻磨口蒸馏器（1 000 mL）；

（2）分光光度计。

3. 试　剂

（1）无氨蒸馏水。向 1 000 mL 蒸馏水中加入浓硫酸 1 mL 和数粒高锰酸钾晶体，进行重蒸馏。

（2）磷酸盐缓冲溶液（pH＝7.4）。称取磷酸二氢钾（KH_2PO_4）14.39 g 和磷酸氢（K_2HPO_4）68.8 g 溶于无氨蒸馏水中，移入 1 000 mL 容量瓶中定容。

（3）硼酸溶液（2%）。该溶液应呈中性。

（4）酒石酸钾钠溶液（50%）。

（5）碘化汞钾溶液。称取碘化钾 5 g 溶于 5 mL 无氨蒸馏水中。称取氯化高汞 2.5 g，溶于 15 mL 无氨蒸馏水中，加热至沸后将其慢慢倒入碘化钾溶液中。等生成的红色沉淀不再溶解时，用玻璃棉过滤。向滤液中加入 50% 氢氧化钾溶液 30 mL 和氯化高汞溶液 0.5 mL，用蒸馏水稀释至 100 mL，于低温处保存。

（6）铵离子标准储备溶液。称取于 90 °C 烘干的氯化铵（NH_4Cl）1.482 7 g，溶于无氨蒸馏水中，移入 1 000 mL 容量瓶中定容。此溶液 1 mL 含 500 μg 铵离子。

（7）铵离子标准溶液。取铵离子标准储备溶液 10.0 mL 于 500 mL 容量瓶中用无氨蒸馏水定容。此溶液 1 mL 含 10 μg 铵离子。

4. 样品预蒸馏

如水样中有干扰物存在，应按以下方法预蒸馏：取水样 250 mL 于 500 mL 蒸馏器中，按每含 Ca^{2+} 250 mg/L 加磷酸盐缓冲溶液（pH＝7.4）10 mL。以硼酸溶液（12%）50 mL 为吸收液，将蒸馏器出水口导管插入吸收溶液中，检查蒸馏器各接口处不漏气后，吸热蒸馏器，直至吸收液体积约 240 mL，移入 250 mL 容量瓶中定容。

5. 分析步骤

（1）样品分析。

① 取 25 mL 蒸馏液（当水样无干扰物时，可直接取 25 mL 水样）于 25 mL 比色管中，使温度平衡于 20 °C，加酒石酸钾钠溶液（50%）1 mL，摇匀，加碘化汞钾溶液 1 mL，摇匀。放置 10 min。

② 于分光光度计波长 450 nm 处，用 2 cm 比色杯以空白溶液作参比测量吸光度。

(2) 标准曲线绘制。

准确移取铵离子标准溶液（1 mL＝10 μg）0，1.0，2.0，⋯，60 μg 于一系列 25 mL 比色管中，用无氨蒸馏水定容，以下步骤与样品分析相同。以吸光度为纵坐标，铵离子浓度为横坐标，绘制标准曲线。

6. 计　算

铵离子的含量按下式计算：

$$\rho(NH_4^+)=\frac{A}{V}\quad (mg/L) \tag{15.13}$$

式中　A——从标准曲线上查得的铵离子量（μg）；

　　V——取水样体积（mL）。

四、磷酸盐的测定（磷铋钼蓝比色法）

1. 方法提要

在指定硫酸酸度下，加入钼酸铵与试样中的正磷酸根作用，生成黄色的磷钼杂多酸。在铋盐作用下，用抗坏血酸于室温下使磷钼杂多酸迅速还原为磷铋钼蓝，其颜色强度与磷酸根的含量成正比。借此进行光度测量。

2. 仪　器

分光光度计。

3. 试　剂

(1) 抗坏血酸溶液（2%）。取抗坏血酸 2 g 溶于 100 mL 蒸馏水中（用时配制）。

(2) 硫酸溶液（8＋100）。于 100 mL 蒸馏水中加入浓硫酸 8 mL，冷却后备用。

(3) 钼酸铵溶液（0.5%）。取钼酸铵 0.5 g 溶于 100 mL 蒸馏水中。

(4) 硝酸铋溶液（10%）。称取硝酸铋$[Bi(NO_3)_3 \cdot 5H_2O]$ 10 g 溶于 20 mL 浓硝酸中，加入蒸馏水至 100 mL，摇匀。

(5) 磷酸根标准储备溶液。称取在 105 °C 干燥过的磷酸二氢钾（KH_2PO_4）0.716 5 g 溶于蒸馏水中，并定容于 1 000 mL 容量瓶中。此溶液 1 mL 含 0.50 mg 磷酸根。

(6) 磷酸根标准溶液。移取磷酸根标准储备溶液 10.00 mL 于 500 mL 容量瓶中，用蒸馏水稀释至刻度，摇匀。此溶液 1 mL 含 10.01 μg 磷酸根。

4. 分析步骤

（1）样品分析。

① 分取水样 5～25 mL（视磷酸根含量而定）于 50 mL 容量瓶中，加入抗坏血酸溶液（2%）3.0 mL，摇匀。

② 在摇动下加入硫酸溶液（8＋100）5 mL、钼酸铵溶液（0.5%）5 mL，并用少许蒸馏水冲洗瓶壁。

③ 加入硝酸铋溶液（10%）1～2 滴，用蒸馏水稀至刻度，摇匀。

④ 放置 10～15 min，于波长 680 nm 处，用 1 cm 比色杯以试剂空白作参比，测量吸光度。

（2）标准曲线绘制。

准确移取磷酸根标准溶液（1 mL＝10 μg）0，1.0，5.0，10.0，…，100 μg 于一系列 50 mL 容量瓶中，加蒸馏水至 25 mL。以下步骤与样品分析相同。以磷酸根离子浓度对吸光度，绘制标准曲线。

5. 计　算

磷酸根离子含量按下式计算：

$$\rho(PO_4^{3-}) = \frac{A}{V} \quad (mg/L) \tag{15.14}$$

式中 A——从标准曲线上查得磷酸根离子量（μg）；
V——所取水样体积（mL）。

五、铁的测定（总铁、亚铁、三价铁）

1. 方法提要

邻啡罗啉在 pH＝2～9 的溶液中，与亚铁离子反应生成橘红色的稳定络合物，溶液颜色在较长时间内保持不变。在 pH＝5～6 时，颜色最深。颜色强度在 40 h 内保持不变。如果用还原剂（如盐酸羟胺）将高价铁离子还原，则也可测定高价铁离子含量。

2. 仪　器

分光光度计。

3. 试　剂

（1）氨水溶液（1＋2）。

（2）缓冲溶液（pH＝6）。称取乙酸钠（$NaC_2H_3O_2 \cdot 3H_2O$）200 g 溶解于约 200 mL

蒸馏水中，加入冰乙酸 600 mL，再用蒸馏水稀至 1 000 mL。

（3）二氮杂菲溶液（0.12%）。称取二氮杂菲（$C_{12}H_8N_2 \cdot H_2O$）0.12 g 溶解于 100 mL 蒸馏水中（可微热助溶），储于棕色瓶中（最好用前配制）。

（4）盐酸羟胺溶液（10%）。取称盐酸羟胺 10 g 溶解于 100 mL 蒸馏水中（用时配制）。

（5）亚铁标准储备溶液。称取硫酸亚铁铵$[(NH_4)_2Fe(SO_4)_2 \cdot 6H_2O]$ 0.140 4 g 溶于 500 mL 蒸馏水中，再加入浓硫酸 10 mL，移入 1 000 mL 容量瓶中定容。此溶液 1 mL 含 0.02 mg 亚铁离子。

（6）亚铁标准溶液。移取亚铁标准储备溶液 10.00 mL 于 100 mL 容量瓶中，以蒸馏水稀释至刻度，摇匀。此溶液 1 mL 含 2.00 μg 亚铁离子。

4. 分析步骤

（1）亚铁的分析。

① 取水样 5～50 mL 于 100 mL 容量瓶中，加入一小片刚果红试纸，用氨水溶液中和至刚果红试纸刚刚变为紫红色。

② 加入缓冲溶液（pH＝6）10 mL，二氮杂菲溶液（0.12%）2 mL，用蒸馏水稀至刻度，摇匀。

③ 35 min 后，在分光光度计上波长 510 nm 处，用 1 cm 比色杯以试剂空白作参比，测量吸光度。

（2）总铁的分析。

取水样 5～50 mL 于 100 mL 容量瓶中，加入盐酸羟胺溶液（10%）1 mL，以下按亚铁样品的测定步骤进行测定。

（3）标准曲线的绘制。

① 亚铁标准曲线的绘制。准确移取亚铁标准溶液（1 mL＝2.00 μg）0，2.0，4.0，10.0，…，100 μg 于一系列 100 mL 容量瓶中，以下步骤与样品分析相同。以亚铁离子浓度为横坐标，吸光度为纵坐标，绘制标准曲线。

② 总铁标准曲线的绘制。准确移取亚铁标准溶液（1 mL＝2.00 μg）0，2.0，4.0，10.0，…，100 μg 于一系列 100 mL 容量瓶中，加入盐酸羟胺溶液（10%）1 mL，以亚铁离子浓度为横坐标，吸光度为纵坐标，绘制标准曲线。

5. 计 算

亚铁离子或总铁含量，分别按下式计算：

$$\rho(Fe^{2+}) = \frac{A}{V} \quad (mg/L) \tag{15.15}$$

式中 A —— 从标准曲线上查得的亚铁离子或总铁量（μg）；

V —— 所取水样体积（m/L）。

$$\rho(Fe^{3+})\ (mg/L) = \rho(\text{总铁})\ (mg/L) - \rho(Fe^{2+})\ (mg/L)$$

六、铬的测定

1. 方法提要

在微酸性溶液中，六价铬与二苯碳酰二肼作用生成红紫色的络合物，借以进行比色测定。在酸性条件下，用高锰酸钾将三价铬氧化为六价铬，过量高锰酸钾用叠氮化钠还原除去，以此可测定总铬。

2. 仪　器

分光光度计。

3. 试　剂

（1）二苯碳酰二肼溶液。称取二苯碳酰二肼[$CO(NH\cdot NH\cdot C_6H_5)_2$] 0.1 g，加入乙醇 50 mL 使其溶解，再加硫酸溶液（1+9）200 mL，储于棕色瓶中。最好保存在冰箱中。此试剂应为五色，变色后不能使用。

（2）叠氮化钠（NaN_3）溶液（0.5%）（现用现配）。

（3）高锰酸钾溶液（3%）。

（4）六价铬标准储备溶液。称取在 110 °C 经 2 h 烘干过的基准重铬酸钾（$K_2Cr_2O_7$）0.141 5 g，加水溶解，移入 1 000 mL 容量瓶并稀释至刻度。此溶液 1 mL 含 0.05 mg 六价铬。

（5）六价铬标准溶液。移取六价铬储备溶液 10 mL，稀释至 500 mL，此溶液 1 mL 含 1.00 μg 六价铬。

（6）硫酸溶液（1+5）。

（7）酚酞溶液（1%）。

（8）氢氧化钠溶液（8%）。

（9）氢氧化钠溶液（4%）。

（10）氢氧化钠溶液（24%）。

4. 分析步骤

（1）六价铬的测定。

① 样品分析。

取水样 50 mL 于 50 mL 比色管中，加酚酞溶液（1%）1 滴，用氢氧化钠溶液（8%）中和至微红色，加入二苯碳酰二肼溶液 2.50 mL，摇匀，放置 10 min。

用标准系列对试液进行目视比色；或在分光光度计上波长 540 nm 处，用 3 cm 比色杯以空白作参比，测量吸光度。

② 标准曲线绘制。

准确移取六价铬标准溶液（1 mL＝1.00 μg）0，0.5，1.0，1.5，2.0，3.0，4.0 μg 于 50 mL 比色管中，用蒸馏水稀释至 50 mL。以下步骤与样品分析相同。以六价铬的浓度为横坐标，吸光度为纵坐标，绘制标准曲线。

③ 计算。

六价铬的含量按下式计算：

$$\rho(Cr^{6+}) = \frac{A}{V} \quad (mg/L) \tag{15.16}$$

式中 A ——从标准曲线上查得的六价铬量（μg）；

V ——测定时所取水样体积（mL）。

（2）总铬的测定。

① 样品分析。

取 50 mL 水样于烧杯中，加入硫酸溶液（1＋5） 4 mL，逐滴加入高锰酸钾溶液（3%）至呈明显紫色，煮沸 5～10 min（如紫色退尽，应再加高锰酸钾溶液至有明显紫色为止）。

趁热滴加叠氮化钠溶液（0.5%）1～2 滴，慢慢摇动，使高锰酸钾紫色退去，如紫色不退，可再加叠氮化钠溶液（0.5%）1～2 滴，直到紫色退去。

取下烧杯，待完全冷却后，加氢氧化钠溶液（24%）中和，最后用氢氧化钠溶液（4%）加蒸调至中性。转入 50 mL 比色管中，用蒸馏水稀释至刻度，以下步骤与六价铬样品分析相同。

② 标准曲线绘制。

准确移取六价铬标准溶液（1 mL＝1.00 μg）0，0.5，1.0，1.5，2.0，3.0，4.0 μg 于一组烧杯中，加蒸馏水至 50 mL，以下步骤与样品分析相同。以六价铬的浓度为横坐标，吸光度为纵坐标，绘制标准曲线。

③ 计算。

总铬的含量按下式计算：

$$\rho(TCr) = \frac{A}{V} \quad (mg/L) \tag{15.17}$$

式中 A ——从标准曲线上查得的总铬量（μg）；

V ——测定时所取水样体积（mL）。

第三部分 常规离子分析资料整理

1.（$K^+ + Na^+$）的计算

$$\Sigma C\left(\frac{1}{Z}B^{Z+}\right)(mmol/L) = \Sigma C\left(\frac{1}{Z}B^{Z-}\right)(mmol/L)$$

$$\Rightarrow (K^+ + Na^+)\ (mmol/L) = \Sigma C\left(\frac{1}{Z}B^{Z-}\right)\ (mmol/L) - (Ca^{2+} + Mg^{2+})\ (mmol/L)$$

$$(K^+ + Na^+)\ (mg/L) = (K^+ + Na^+)\ (mmol/L) \times 23$$

2. 各离子所占水中的百分数

$$x\left(\frac{1}{Z}B^{Z\pm}\right)\% = \frac{C\left(\frac{1}{Z}B^{Z\pm}\right)\ (mmol/L)}{\Sigma C\left(\frac{1}{Z}B^{Z\pm}\right)\ (mmol/L)} \times 100\%$$

3. 矿化度（溶解性总固体）的计算

$$矿化度\ (mg/L) = \Sigma\rho(B^{Z+})\ (mg/L) + \Sigma\rho(B^{Z-})\ (mg/L) - \frac{1}{2}(HCO_3^- + CO_3^{2-})\ (mg/L)$$

4. 暂时硬度、永久硬度或负硬度的确定

根据总硬度与总碱度的关系来确定暂时硬度、永久硬度或负硬度（见表 15.1）。

表 15.1　确定暂时硬度、永久硬度及负硬度

硬度 / 硬度与碱度的关系	永久硬度	暂时硬度	负硬度
当 A^0（总碱度）<H^0（总硬度）	$H^0 - A^0$	A^0	0
$A^0 = H^0$	0	A^0 或 H^0	0
$A^0 > H^0$	0	H^0	$A^0 - H^0$

5. 用库尔洛夫式表示分析结果

$$气体\ (g/L)\quad 矿化度\ (g/L)\ \frac{x\left(\frac{1}{Z}B^{Z-}\right)\% > 10\ 的阴离子}{x\left(\frac{1}{Z}B^{Z+}\right)\% > 10\ 的阳离子}\ t\ ^\circ C\ (水温)$$

注：阴、阳离子大于 10% 分别按毫摩尔百分数自大而小顺序排列。

6. 地下水化学分类

根据舒卡列夫分类法：按主要离子的 $x\left(\frac{1}{Z}B^{Z\pm}\right)\%$ 大于 25 的参加分类，定出地下水水型。水质分析报告见后所示。

注：阴、阳离子大于 25% 分别按毫摩尔百分数自大而小顺序排列，阴离子写在前面，阳离子写在后面。

水质分析报告

野外编号：　　　　　　　　　　　　　测试编号：

工程名称：　　　　　　　　　　　　　取样日期：

送样单位：　　　　　　　　　　　　　分析日期：

水温/°C		颜　色		气　味	
pH		透明度		口　味	

分析项目		$\rho(B^{Z\pm})$ /（mg/L）	$C(1/Z\cdot B^{Z\pm})$ /（mmol/L）	$x(1/Z\cdot B^{Z\pm})$ /%	分析项目	$\rho(CaCO_3)$ /（mg/L）
阳离子	$K^+ + Na^+$				总硬度	
	Ca^{2+}				永久硬度	
	Mg^{2+}				暂时硬度	
	NH_4^+				总碱度	
	Fe^{2+}				负硬度	
	Fe^{3+}					
	Cr^{6+}					
	合　计				分析项目	mg/L
阴离子	Cl^-				游离 CO_2	
	SO_4^{2-}				侵蚀 CO_2	
	HCO_3^-				矿化度	
	CO_3^{2-}					
	NO_3^-					
	NO_2^-					
	PO_4^{3-}					
	合　计					
总　计						

按舒卡列夫法分类，该水属：

库尔洛夫式：

按饮用水水质分析标准进行水质评价：

实验十六　碳酸盐碳、氧稳定同位素样品制备实验

一、实验目的

测定地下水及水-岩相互作用产物的稳定同位素组成是当前水文地球化学研究中十分重要而不可缺少的内容。为了配合课堂讲授，特安排本实验。

碳酸盐碳、氧稳定同位素组成是通过质谱仪测定的，为了配合质谱仪测定，首先要制备 CO_2 气体。从碳酸盐中制备 CO_2 气体，是所有稳定同位素组成测定最简便的方法。学生通过本实验，不仅能了解制样的全过程，对于进一步深入理解其基本原理并应用同位素方法解决有关水文地球化学问题，都是有益的。

二、同位素组成的表示方法

1. 同位素的组成

同位素的组成是指样品中某一种元素各种同位素的相对含量。它可用丰度表示，也可用比值或 δ 值表示。

2. 同位素丰度

同位素丰度是指一种元素的各种同位素所占百分比含量，见表 16.1。

表 16.1　同位素丰度

同位素	平均丰度	同位素	平均丰度
H	99.984 4%	^{16}O	99.763%
D	0.0156%	^{11}O	0.037 5%
^{12}C	98.89%	^{18}O	0.199 5%
^{13}C	1.11%		

3. 同位素的比值

同位素的比值与丰度一样，也是用来衡量天然样品中同位素组成变化的，它是指在研究对象中某一种元素的两种同位素含量之比。例如，标准平均海洋水的比值 D/H 为 155.76×10^{-6}，$^{18}O/^{16}O$ 为 $1\,997\times10^{-6}$。

4. δ值

δ值即样品与被选作“标准”的样品（或简称“标准”）的 $^{13}C/^{12}C$ 相比的千分偏差值。以$\delta^{13}C$（‰）表示。其代表式为：

$$\delta^{13}C=\left[\frac{(^{13}C/^{12}C)_{样品}}{(^{13}C/^{12}C)_{标准}}-1\right]\times1\,000\quad(‰)\tag{16.1}$$

当 $\delta^{13}C$ 值为正值时，表示样品比“标准”富集重同位素 ^{13}C；为负值时，表示样品比“标准”富集轻同位素 ^{12}C。目前，国际文献中绝大多数用 δ 值，国际上最通用的标准为 PDB，即：

$$^{13}C/^{12}C=1\,123.72\times10^{-5}\tag{16.2}$$

PDB 是美国南卡罗莱纳州晚白垩世皮狄组（Peedeeformation）所产箭石化石（Belemnitella americana）方解石壳的碳，因被选作为国际“标准”，规定其 $\delta^{13}C$ 值为 0‰。由于通常不易获得 PDB 标准，实验室经常选用工作标准。用工作标准测定的 $\delta^{13}C$ 值，为在国际进行比较时，需换算成以 PDB 为“标准”的 $\delta^{13}C$。其换算公式为：

$$\delta^{13}C(X-A)=\delta^{13}C(X-B)\delta^{13}C(B-A)+10^{-3}\delta^{13}C(X-B)\delta^{13}C(B-A)\quad(‰)\tag{16.3}$$

式中 X——样品；

A——工作标准；

B——PDB。

目前，本实验室采用的标准为：TTB－2，其 $\delta^{13}C=-10.875$。

同样，氧的同位素组成可表示为：

$$\delta^{18}O=\left[\frac{(^{18}O/^{16}O)_{样品}}{(^{18}O/^{16}O)_{标准}}-1\right]\times1\,000\quad(‰)\tag{16.4}$$

PDB 标准：$\delta^{18}O=0$。

目前，本实验室采用标准 TTB－1，$\delta^{18}O=-12.625$。

另外，关于氧的稳定同位素多采用标准平均海水（SMOW）作为标准。

PDB 与 SMOW 的换算关系为：

$$\delta^{18}O_{SMOW}=1.030\,86,\qquad \delta^{18}O_{PDB}+30.86$$
$$\delta^{18}O_{PDB}=0.970\,06,\qquad \delta^{18}O_{SMOW}-29.94$$

因此，在实验室内只要分别制取到样品及工作标准的 CO_2 气体，供质谱测定，便能获得样品中的同位素组成 δ 值。

三、样品采集

1. 岩样采集

样品采集要在详细研究地质情况的基础上，有针对性地采集。采集岩样或矿物样品要分清原生还是次生，还要注意不同层位及不同构造位置。一般来说，只要含碳酸盐的岩石均可采样做碳、氧同位素的测定。常见含碳酸盐的岩石有各种石灰岩、白云岩、方解石、钙华、泉华、石钟乳、菱铁矿、钙质砂岩、钙质泥岩等。

2. 水样采集

地下水或地表水中都含有 HCO_3^-，只要把它转化为碳酸盐提取出来就可进行碳、氧同位素测定。野外一般采用氯化钡沉淀法采取样品，即取水样 10 L，加入 5 g NaOH 使溶液呈碱性，pH 值大于 9，再加入 5 g $BaCl_2$，充分搅拌，使之生成白色 $BaCO_3$ 沉淀，烘干后即可用于样品制备。

四、样品制备

制备碳酸盐中的 CO_2 气体，通常采用磷酸盐分解法。即在密闭的容器内，恒温条件下，将碳酸盐样品与 100% 的磷酸反应，然后再置于真空系统上（见图 16.1）。将反应生成的 CO_2 气体经过纯化后收集起来，其反应式为：

$$3CaCO_3 + 2H_3PO_4 = Ca_3(PO_4)_2 + 3H_2O + 3CO_2\uparrow$$

从上式可以看出，碳酸盐的氧只有 2/3 转化为 CO_2，另外 1/3 的氧转化为水。通常认为在该反应过程中氧同位素的分馏作用较弱，故多采用此法，但是为了准确地测得碳酸盐中氧的同位素组成，测得的比值要依据实验条件加以修正。因此，要严格控制实验条件，包括反应温度、反应时间等，以便质谱测定之后，在计算过程中进行修正。通常采用 75 °C 作为反应温度，而反应时间为 4～8 h。

五、实验步骤

1. 准备工作

（1）将待测的碳酸盐样品粉碎研磨至 200 目，置于干燥器中，防止吸收水分。

（2）将市售磷酸（85% 浓度）加温浓缩或加入 P_2O_5 成微橙色，使 P_2O_5 饱和达 100% 浓度，平时置于干燥器中，做样前放入烘箱中除去多余的水分。

(3) 启动真空系统，检查系统是否漏气及设备是否完好，如有故障，应事先排除。

2. 真空系统的启动步骤

(1) 关闭活塞 1;
(2) 启动机械泵;
(3) 打开活塞 1，使真空系统与机械泵联通;
(4) 启动热偶电离真空计;
(5) 按顺序打开 2、4、5、6、7 号活塞抽低真空。
(6) 当低真空到达时，再将 2、3 号活塞旋回扩散泵抽气，当确定低真空已达 0.133 Pa 时，打开水源、电源，使扩散泵中的油沸腾，抽高真空，按电离计读数。

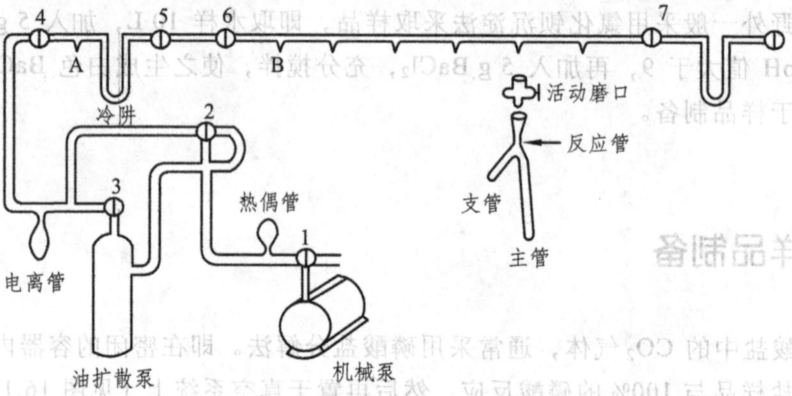

图 16.1　磷酸法真空系统示意图

3. 真空脱水

称取 20 mg 左右的碳酸盐样品，放入反应器一支管的底部，另取 3～5 mL 100% 的磷酸放入另一支管内（加入反应器前用玻璃棒细心搅匀磷酸）。再移上真空系统，在 60～80 °C 下抽真空（即电吹风或保温杯）。当真空度为 0.013 Pa 后，关闭反应管活塞。

4. 恒温反应

将反应管从系统上卸下，慢慢倾斜使 H_3PO_4 倾注到样品上，并立即置于恒温器内，8 h 左右即可。

5. CO_2 的提取

待恒温反应结束后，将反应管从恒温器内取出，置于真空系统 B，先抽低真空，后抽高真空约 20 min，关闭系统第 4 号活塞，用 −70 °C 的冷冻剂套上冷阱，收样管 A 套上液氮，打开样管活动磨口。10 min 后，在收样管内可见到白色的固体 CO_2，此时关闭收样管活塞并从真空系统上卸下。

6. 停　机

关闭真空系统，切除电源、水源，关闭所有活塞，停止机械泵运转，再将 1 号活塞打开通向空气，使机械泵放气。

六、实验成果总结

（1）为什么制备 CO_2 气体必须在真空条件下进行？

（2）画一冷阱脱水过程的局部示意图（提示：微量水分、CO_2 气体、其他气体的分离原理）。

（3）提出自己的建议和设想。

（4）完成实验操作记录。

（5）根据提供的峨眉山柿子坪地区岩样与水样的碳、氧同位素测试资料表 16.2，完成问题：

① 作出同位素关系图。

② 根据同位素的组成特征对不同成因类型的地下水进行分类，并分析其补给与循环过程。

表 16.2　峨眉山柿子坪地区岩样与水样的碳、氧同位素测试资料

样号	名称	层位	采样地点	采样日期	$\delta^{13}C$/‰（PDB）	$\delta^{18}O$/‰（PDB）
02	岩溶泉	Zb	福田	1998-02-28	−7.455	−7.526
03	热水	P_{1y}	柿 1 井	1998-03-03	−6.440	−10.451
06	河水		对河坝	1998-03-03	−11.170	−11.941
07	泉水	T_{3X}	龙门山庄	1998-03-03	−9.208	−4.572
08	河水		新桥	1998-03-03	−6.195	−4.884
09	温泉	P_{1y}	两河口	1998-03-03	−4.201	−7.596
10	龙门矿泉	P_{1y}	挖断山	1998-03-03	−6.740	−6.073
11	清音温泉	P_{2B}	清音电站	1998-03-03	−14.469	−7.327
12	龙门洞泉	T_{2L}	龙门洞口	1998-03-03	−6.920	−6.651
13	峨山泉	P_{2X}	峨山电站	1998-03-04	−7.326	−5.285
15	热水	∈	柿 1 井	1998-03-24	−4.986	−8.936
16	泉水	P_{2X}	五显岗	1998-03-27	−10.025	−6.609
22	方解石脉	∈	柿 1 井	1998-04-25	3.292	−11.243
32	灰岩	P_{1y}	柿 1 井	1998-04-25	3.276	−9.970
34	白云岩	P_{1y}	柿 1 井	1998-04-25	0.021	−6.855

续表 16.2

样号	名称	层位	采样地点	采样日期	$\delta^{13}C$/‰ (PDB)	$\delta^{18}O$/‰ (PDB)
36	白云岩	O	柿 1 井	1998-04-25	− 1.708	− 5.730
38	白云岩	O	柿 1 井	1998-04-25	1.676	− 9.654
310	白云岩	∈	柿 1 井	1998-04-25	− 0.890	− 8.872
312	方解石	P_{1y}	柿 1 井	1998-04-25	3.422	− 10.721
S_1	河水		宝兴	1999-12-20	− 4.709	− 5.189
S_2	河水		宝兴	1999-12-20	− 5.679	− 7.485

附录　水力学实验

实验一　静水压强与真空实验

一、实验目的

(1) 通过对气体及液体内任意点在 $p_0>p_a$ 及 $p_0<p_a$ 两种条件下压强 p 的测定，深入理解相对压强、绝对压强及真空的意义，理解真空产生的条件，真空和负压的关系。

(2) 学会针对不同条件，选用不同形式的测压管测任意点压强，以及应用液体静力学（压强）基本方程推导压强的大小。

(3) 学习利用水力学的方法测定不同液体的重度。

二、实验仪器的结构及其作用

实验使用静水压强及真空仪，仪器由水头调节器、密封容器、测压管排和水位标尺等组成，见附图 1.1。

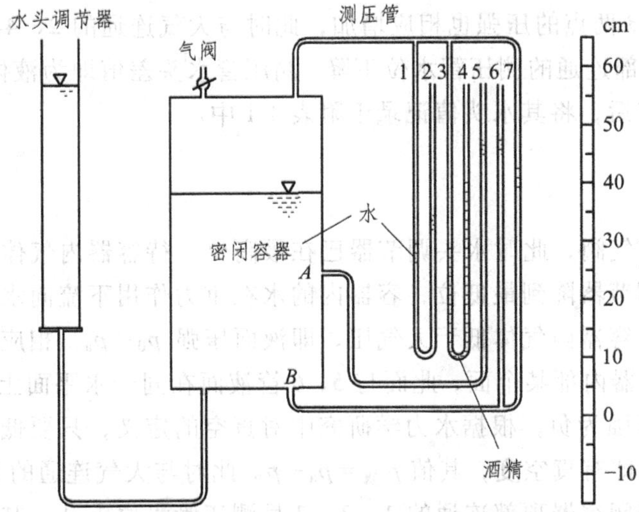

附图 1.1　静水压强及真空实验原理图

通过水头调节器升降，使容器内进水或退水，在气阀关闭时使容器内气体（或液体表面）大于大气压强（$p_0>p_a$）或小于大气压强（$p_0<p_a$）。

密闭容器用于盛装被测液体，左侧底部有开口通过管路与水头调节器液体连通，右侧中部与底部有开口，为液体内部压强测定点 A、B，分别与 5 号测压管和 6、7 号测压管连通。顶部设有气阀，通过气阀开启或闭合，使密闭容器内部与大气连通或关闭，顶部还有一开口分别与 1、3、7 号测压管连通。

右侧测压管排的 7 支测压管功能分别为：液体表面压强用 1、2 号管或 6、7 号管测定，液体内部 A 点及 B 点压强则采用 5 号管和 6 号管测定。

3、4 号管的连通方式同 1、2 号管，3、4 号装入其他液体（如酒精），利用这 4 支测压管，可以测定其他液体重度。

三、实验内容与方法

1. $p_0 = p_a$

初始状态，开启气阀，使液体表面压强等于大气压强，即 $p_0=p_a$。根据连通器原理，此时水头调节器、容器内及 5、6、7 测压管液面，应在同一水平面上，表明仪器处于正常状态，可以开始进行实验，将各测压管水头值记录于附表 1.1 中。

2. $p_0 > p_a$

实验开始，开启气阀，将水头调节器降低至最低位置，此时容器内水在重力作用下流向水头调节器。关闭气阀，再将水头调节器上升到最高位置，此时水头调节器中的水在重力作用下流向容器内。由于气阀已关闭，容器内气体不能排出，而使液面压强 p_0 大于大气压强 p_a，A、B 两点的压强也相应增加，此时与大气连通的 2、4、5、6 号测压管水位上升，与容器顶部连通的测压管水位下降，测压管水头差值即为液体表面相对压强。待各测压管水位稳定后，将其水头值记录于附表 1.1 中。

3. $p_0 < p_a$

实验开始，开启气阀，此时水头调节器已在最高位，待容器内气体与大气相等时关闭气阀；再将水头调节器降到最低位，容器内的水在重力作用下流向水头调节器的储水筒。在这种情况下，容器内气体低于大气压，即液面压强 $p_0<p_a$，相应 A、B 点的压强也降低，这时位于容器内部某个面，此面与 5、6 管液面在同一水平面上，该面之上的压强 $p_0<p_a$，其相对压强为负，根据水力学研究中对真空的定义，只要低于大气压强，即产生真空，该面之上即有真空度，其值 $p_{真}=p_a-p$。此时与大气连通的 2、4、5、6 号测压管水位下降，与密闭容器顶部连通的 1、3、7 号测压管水位上升，其相应测压管水头差值即为容器内液体表面真空高度，乘上水的重度 γ（$\gamma=0.009\,8\ \text{N/cm}^3$），即为表面真空

压强。待各测压管水位稳定后，将其水头值记于附表 1.1 中。

四、实验成果与问题讨论

（1）根据附表 1.1 的观测数据和静水压强基本方程，在 $p_0>p_a$ 及 $p_0<p_a$ 两种表面压强下，求 *A*、*B* 两点的相对压强、表面真空高度、表面真空压强以及 *A* 点真空高度、*A* 点真空压强，并且用水力学方法求酒精重度。计算公式及求解方法见附表 1.2。

附表 1.1　测压管水位记录表

测压管水位/cm	∇_1	∇_2	∇_3	∇_4	∇_5	∇_6	∇_7
$p_0=p_a$							
$p_0>p_a$							
$p_0<p_a$							
仪器数据	*A* 点高程 ∇_A				*B* 点高程 ∇_B		

附表 1.2　静水压强及真空实验成果表

项　目		表面相对压强 /(N/cm²)	淹没深度 /cm	液柱压强 /(N/cm²)	液体内部点相对压强 /(N/cm²)	酒精重度 /(N/cm³)
计算式 / 内容		$p_0=\gamma(\nabla_6-\nabla_7)$ 或 $p_0=\gamma(\nabla_2-\nabla_1)$	$h_A=\nabla_7-\nabla_A$	γh_A	$p_A=p_0+\gamma h_A$	$\gamma'=\gamma\dfrac{\nabla_2-\nabla_1}{\nabla_4-\nabla_3}$
			$h_B=\nabla_7-\nabla_B$	γh_B	$p_B=p_0+\gamma h_B$	
$p_0>p_a$	*A*					
	B					
$p_0<p_a$	*A*					
	B					
	真空	表面真空压强 /(N/cm²)		*A* 点真空压强 /(N/cm²)		
		表面真空高度 /cm		*A* 点真空高度 /cm		

（2）通过实验讨论问题。

① 试述静水力学（压强）基本方程的压强表示式及水头表示式的意义，两式是如何转换的。

② 绘 3 个图分别表示如何用测压管测量气体压强，如何测量液体内任意点压强，如何测量两点的压差。

③ 试述产生真空的条件，何谓负压，何谓真空压强与真空高度。

实验二　伯努利能量方程实验

一、实验目的

（1）深化对实际重力液流伯努利能量方程及其物理意义、几何意义的理解。

（2）对水流过程中各项能量的变化及其相互转换建立感性认识，分析水头损失产生的原因。

（3）掌握利用三角堰测流量的方法及设置三角堰的要求。

二、实验仪器装置及测量功能

仪器装置由水塔、管路、测压管、测流三角堰等组成，见附图2.1。

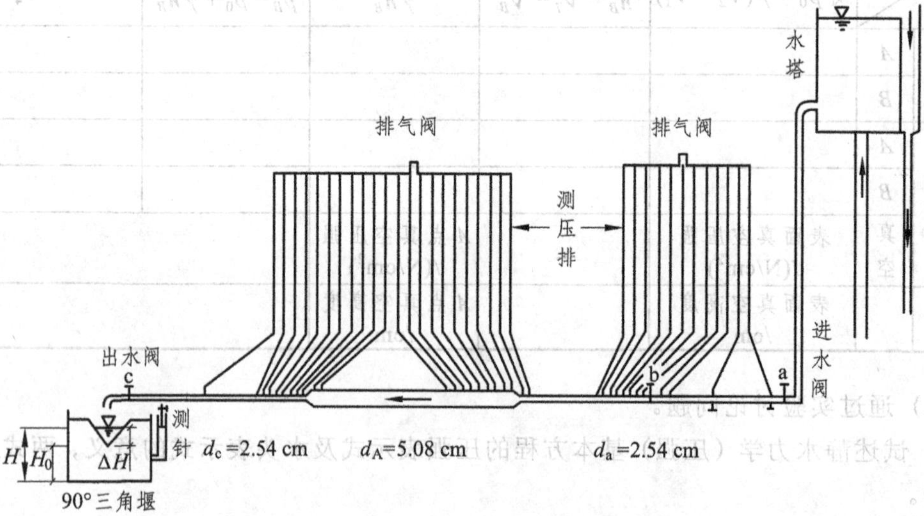

附图2.1　能量方程实验装置

试验管路由保持水位稳定的水塔供水。管路各相应断面的水头及动水压强由垂直流向安置的测压管测取。试验管路水流入安装有薄壁90°堰口的三角堰槽中。利用上游的测针测量计算堰顶水头ΔH（见附图 2.1）计算流量，从而求得各已知管径管段的断面平均流速V。

三、实验内容与方法

1. 形成管路中稳定流

保持水塔溢流，使水塔水位稳定。打开出水阀 c 及中间阀 b，徐徐开进水阀 a 调节管流量，使各断面测压管水位变化趋势显著，且第一测压管水位位于标尺高限。

2. 观察分析测压管水位变化原因及规律

相同管径直管中水是均匀流，因其流速V不变，动能$\alpha V^2/2g$沿程不变，故总机械能消耗的势能$Z+p/\gamma$表现为测压管水头降低。管径不同，单位长度上测压管水头降低值的大小取决于流速V的大小。流速V大，则沿程实际流速梯度大，摩阻力大，消耗能量大。

水流经阀门、变径管等局部段，由于惯性力影响，在边壁突变处水流并不依边壁转折，而是产生主流与边壁的脱离，致使其间形成旋涡区。主流是急变流，流速的变化导致动能、势能互换中能量消耗；维持旋涡运转、主流与旋涡间质点交换等都是引起局部能量损失的原因；此外，旋涡区产生的涡体，不断被主流带向下游，还将加剧下游一定范围内的能量损失，此现象在放大管段尤为明显，其影响范围可达到约 25～30 cm。

3. 测水位与流量

（1）测水位。依序号读各测压管水头$Z+p/\gamma$值（管轴水平，故$Z=C$），用铅笔记录于附图 2.2 相应断面号处。

（2）测流量。实测堰顶水头$\Delta H=H-H_0$（cm），见附图 2.1，ΔH随过堰水量增加而增大。依据能量方程导出的直角口薄壁自由出流三角堰流量$Q=0.014\,\Delta H^{5/2}$，通过计算或查表取得Q值（单位为 L/s），公式推导条件要求测量水头H的堰槽中流速趋于零，为避免因堰顶流速增加、水头降低的影响，要求堰上水头H必须在上游距堰$\geqslant 3\,\Delta H$处测量。

在附表 1.1 中记录实验前、后两次用测针实测堰上水头，要求其差值<0.1 mm。记录堰口处高程H_0并计算流量Q。

四、实验成果与问题讨论

1. 测压管水头线及总水头线的绘制

（1）作散点图。

① 在附图 2.2 中，采用纵比例 1∶5，将各测压管的水头 $Z+p/\gamma$ 值绘于相应断面处。

② 计算两种管径的流速及流速水头 $\alpha V^2/2g$，取 $\alpha=1$ 填于附表 2.2，依据能量方程 $H=Z+p/\gamma+\alpha V^2/2g$ 在附图 2.2 中将各管段流速水头加于相应测压管水头之上，得到该断面总水头 H。特别注意不可加于局部阻力影响段，因为旋涡的产生使主流过水断面减小，流速加大，流速水头增大。

（2）水头线绘制。

① 首先应指出的是，测压管水位读数受水塔水位波动影响，测压管孔变形也影响水位值。在计算及连接水头线时，应考虑总趋势，去掉不合理测点。

② 绘图：依据散点及附表 2.2、附表 2.3 计算值，合理绘出总水头线及测压管水头线于附图 2.2 上。由于水流过程中流量不断被消耗，总水头线沿程只能不断降低，在均匀流段是直线，流速大，该线斜率大，反之，在局部阻力段，水头骤降。测压管水头线不同于总水头线之处是当遇放大管段时其可能逐渐上升。

2. 计算成果

（1）根据实测数据计算管路流量，完成附表 2.1。

（2）根据实测数据计算各段沿程水头损失、平均水力坡度，完成附表 2.2。

（3）根据实测数据计算各局部阻力段的局部水头损失值及局部水头损失系数 ξ 值，完成附表 2.3。

3. 问　题

试分管段阐明水流过程中势能、动能相互转换情况与其能量损失的相对大小情况，以及总机械能在水流过程中的变化规律。

附表 2.1　三角堰测流表

堰口高程 H_0/cm	堰上水头 H/cm		堰顶水头 $\Delta H=H-H_0$ /m	流　量 Q	
	测　次	平　均		(L/s)	(cm^3/s)
	1				
	2				

附表 2.2　沿程水头损失与平均水力坡度计算表

管段起－止号	选用段起－止号	长度 L/cm	内径 d/cm	流速 V/(cm/s)	流速水头 $\frac{\alpha V^2}{2g}$ /cm	测压管水头 $Z+\frac{p}{\gamma}$ /cm		沿程水头损失 h_f/cm	平均水力坡度 I
						起	止		

附表 2.3　局部水头损失与局部水头损失系数计算表

项目 种类		局部阻力段号	直径 d/cm	长度 L/cm	测压管水头 $Z+\frac{p}{\gamma}$ /cm	流速 V/(cm/s)	流速水头 $\frac{\alpha V^2}{2g}$ /cm	总水头 $Z+\frac{p}{\gamma}+\frac{\alpha V^2}{2g}$ /cm	局部水头损失 h_j/cm	局部水头损系数 $\xi=h_j/(\alpha V^2/2g)$
阀门	前									
	后									
放大	前									
	后									
收缩	前									
	后									

实验三　层流与紊流演示实验

一、实验目的

（1）观察认识圆管中两种不同内在结构的液流形态——层流、紊流。

（2）理解影响液流形态（流态）的因素，明确流态判别的重要意义，掌握用临界雷诺数判别流态的方法及判别标准。

二、实验仪器

实验仪器即雷诺仪，由实验管路、稳定流供水系统、示踪剂注入系统等组成，见附图 3.1。

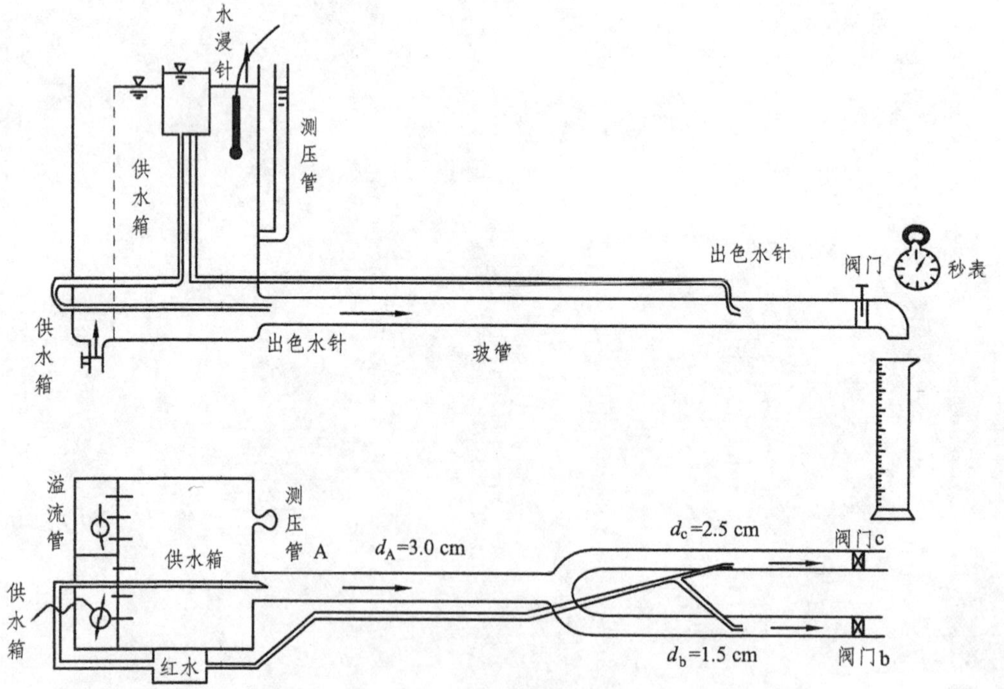

附图 3.1　层流与紊流实验仪——雷诺仪

三、实验内容与方法

供水：打开供水阀，待水箱溢流时适当调小供水阀过水量，使供水箱测压管水位呈现稳定状态。

1. 观察层流、紊流

徐徐微开玻管阀门，然后微扭开各出色水螺丝，使红水呈细流束，再调 c、b 管阀，待各管中红水流成细线形，且 A 管红水流入 b 或 c 管，使两条红流束并进。实验现象说明：管中水流质点呈有序列的运动，质点间互不掺混，如把流速相同质点连接，则成层状，这种液流形态即为层流。层流流速较小，因液体质点间受黏滞性的约束而作有序运动。

逐渐开大阀门，流速渐增，随后看到红流束颤动并弯曲呈波状，继而破裂。当流速达到某值时，红水扩散，全管布满了旋转的质点，称之为涡体。现象说明：液体质点群在流动过程中互相混掺，相互碰撞，作无序运动，这种形态的流动即为紊流。紊流流速较大，受惯性力的支配，液体质点脱离了黏滞力的约束作无序运动。

当实验以相反程序进行，会观察到现象反向重演。测流得知，紊流转变为层流时流速比层流转变为紊流时的流速要小。前者称为上临界流速 V_c'，后者称为下临界流速 V_c。

2. 层流、紊流的沿程水头损失

层流、紊流沿程水头损失服从的规律不同，若在 b（或 c）管两端装两侧压管（见附图 3.2），由于 b 管流速水头相同，两测压管水头差即之间的沿程水头损失 h。若以 $\lg V$ 为横轴，以 $\lg h_f$ 为纵轴，将实测数据绘出，如附图 3.3 所示。由图可以看出：实验时流速由小变大，则层流维持至 C 点才能转变为紊流，C 点对应上临界流速 V_c'，反程序进行则紊流维持至 B 点才转变为层流，B 点对应下临界流速 V_c；B、C 之间流态依程序而定，B、C 之间称为过渡区。线段 AC 及 ED 都是直线，其方程为：

$$\lg h_f = \lg K + m \lg V \qquad (\text{附 } 3.1)$$

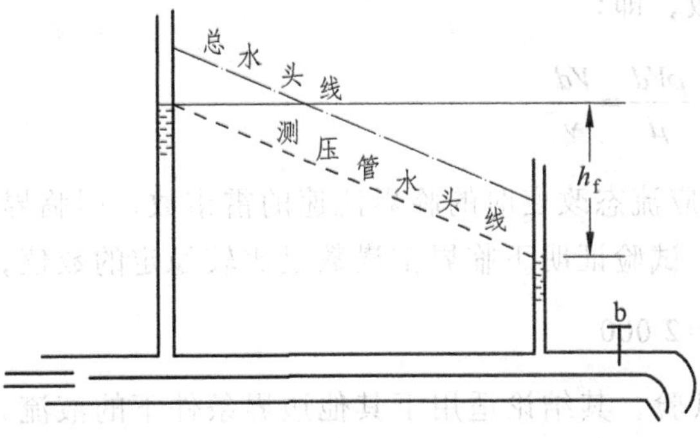

附图 3.2　层流时 h_f 与总水头相等

式中　lg*K* —— 截距；

m —— 斜率。

上式可表示为指数式：

$$h_f = KV^m \quad \text{（附 3.2）}$$

结果说明：层流时为 *AC* 直线，$\theta_1=45°$，即 $m=1$，所以层流时沿程水头损失与流速一次方成比例，即 $h_f=KV$；紊流时适用 *DE* 线，$\theta_2>45°$，$m=1.75\sim2$，所以紊流时沿程水头损失与流速的 1.75～2 次方成比例，即 $h_f=KV^{1.75\sim2}$。可见 *m* 随流态而变化，因此必须首先判别流态才能计算沿程水头损失。

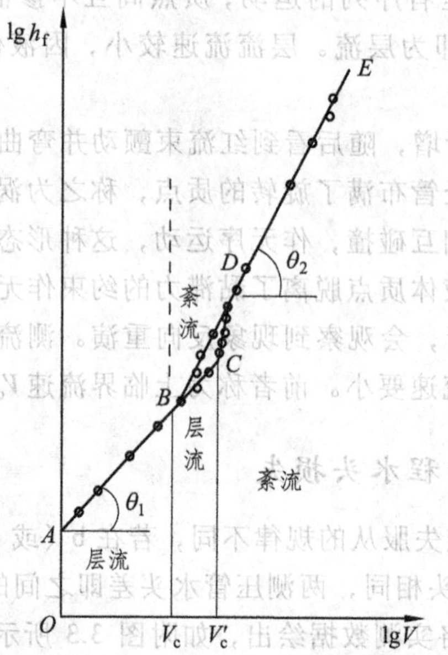

附图 3.3　lgh_f-lg$V$实验曲线

3. 层流、紊流的判别

雷诺试验得出临界流速与液体密度 ρ、动力黏滞系数 μ 及管径 *d* 之间呈比例关系，其比例系数为无量纲数，即：

$$Re=\frac{\rho Vd}{\mu}=\frac{Vd}{\nu} \quad \text{（附 3.3）}$$

式中 *Re* 为雷诺数。相应流态改变时的临界流速的雷诺数，叫临界雷诺数 Re_k，有上临界及下临界雷诺数之别。试验证明下临界雷诺数是比较稳定的数值，即：

$$Re_k=2\,000 \quad \text{（附 3.4）}$$

雷诺以圆管流做试验，其结论适用于其他边界条件下的液流。其他边界条件下的液流断面特征长度用水力半径 *R* 表示，它是过水断面面积ω与湿周χ（液体与边界接触范围的周长）之比，即：

$$R=\frac{\omega}{\chi} \tag{附 3.5}$$

若用 R 代替 d，则：

$$Re_k=\frac{VR}{\nu}=500 \tag{附 3.6}$$

附式（3.6）适用于河渠、无压涵管等。

四、实验成果与问题讨论

（1）实测本实验的管流水温，试对 A 管、b 管中水流形态加以判别，并计算 A 管、b 管达到紊流的最小流速，填于附表 3.1 中。

（2）实测三角堰槽过水断面面积，对实验三的堰槽中水流形态加以判别，填于附表 3.1 中。

附表 3.1　实测数据及参数计算表

项目 / 管号	管径 d/cm	流速 V/(cm/s)	水温 t/°C	运动黏滞系数 ν/(cm²/s)	雷诺数 Re	临界雷诺数 Re_k	水流形态	临界流速 V_k/(cm/s)
A								
B								

附表 3.2　三角堰实测及水流形态判别表

项目	堰槽尺寸					雷诺数 Re	临界雷诺数 Re_k	水流形态
	宽 b/cm	深 h/cm	断面面积 ω/cm²	湿周 χ/cm	水力半径 R/cm			
内容								

（3）当水温为 15 °C，管径 d 分别为 0.1、1、10 cm 时，求临界流速。试述地下水绝大多数为层流的原因。

（4）为什么用临界雷诺数判别流态，而不用临界流速判别？

参考文献

参 考 文 献

[1] 王大纯，张人权，史毅虹. 水文地质学基础[M]. 北京：地质出版社，1988.

[2] 中国地质大学《水文地质学基础》教学小组编. 水文地质学基础实验实习讲义[M]. 北京：地质出版社，1988.

[3] 李俊亭，王愈吉. 地下水动力学[M]. 北京：地质出版社，1987.

[4] 沈照理. 水文地球化学基础[M]. 北京：地质出版社，1986.

[5] 王恒纯，孙杉，尹观. 同位素水文地质概论[M]. 北京：地质出版社，1991.

[6] 柯葵，朱立明，李嵘. 水力学[M]. 上海：同济大学出版社，2002.

[7] 童志平，李星，郑良. 化学与环境保护[M]. 成都：西南交通大学出版社，2005.

[8] 虞修竞，贾疏源. 峨眉山柿子坪热田地下水碳氧同位素特征初步研究[N]. 成都理工大学学报，2000，27（4）：394-397.

[9] 虞修竞，付小敏，等. 绕坝渗流仪的研制[N]. 成都理工大学学报，2004，31（2）：193-196.

比例尺 1：10 000

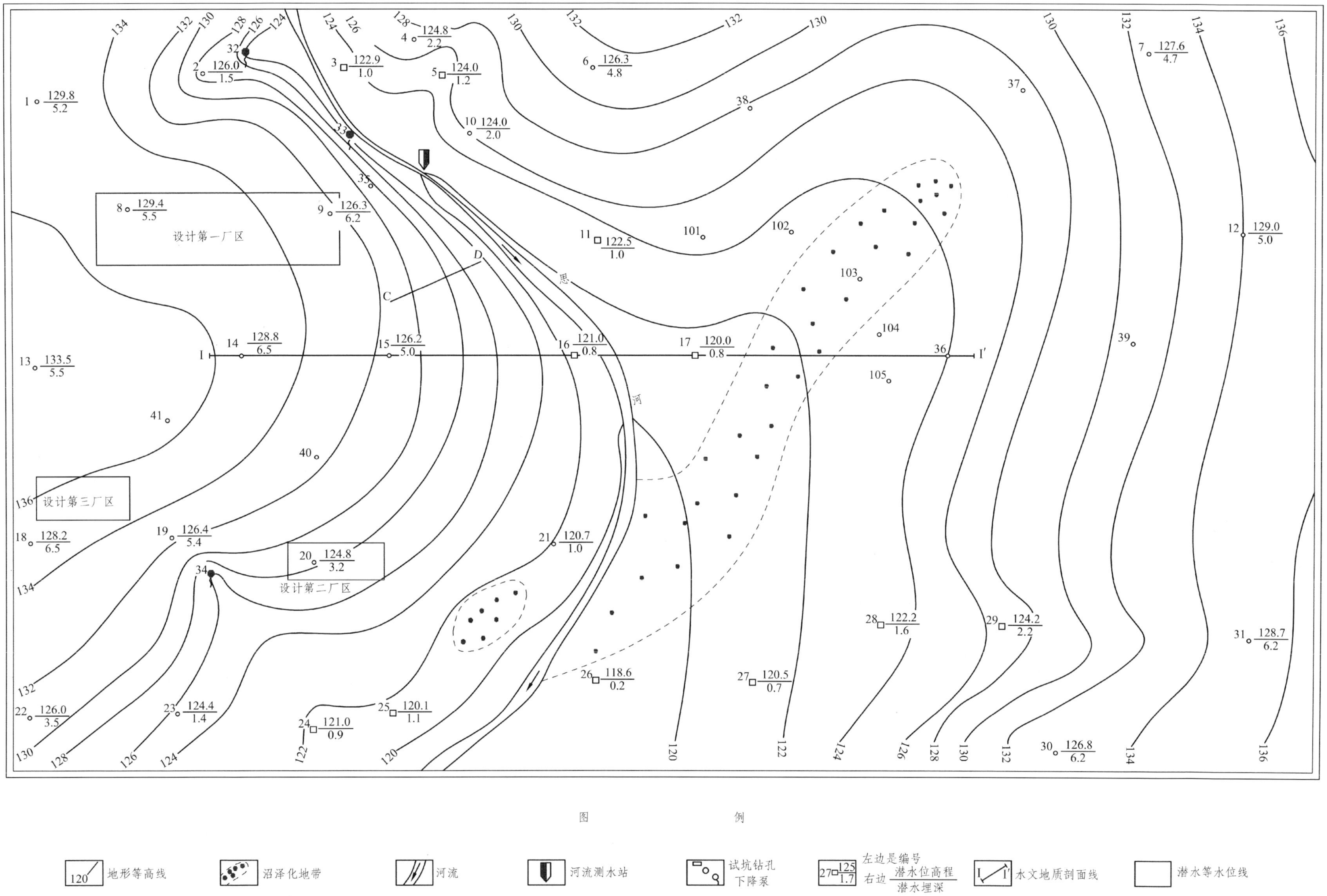

图 6.1　潜水等水位线图

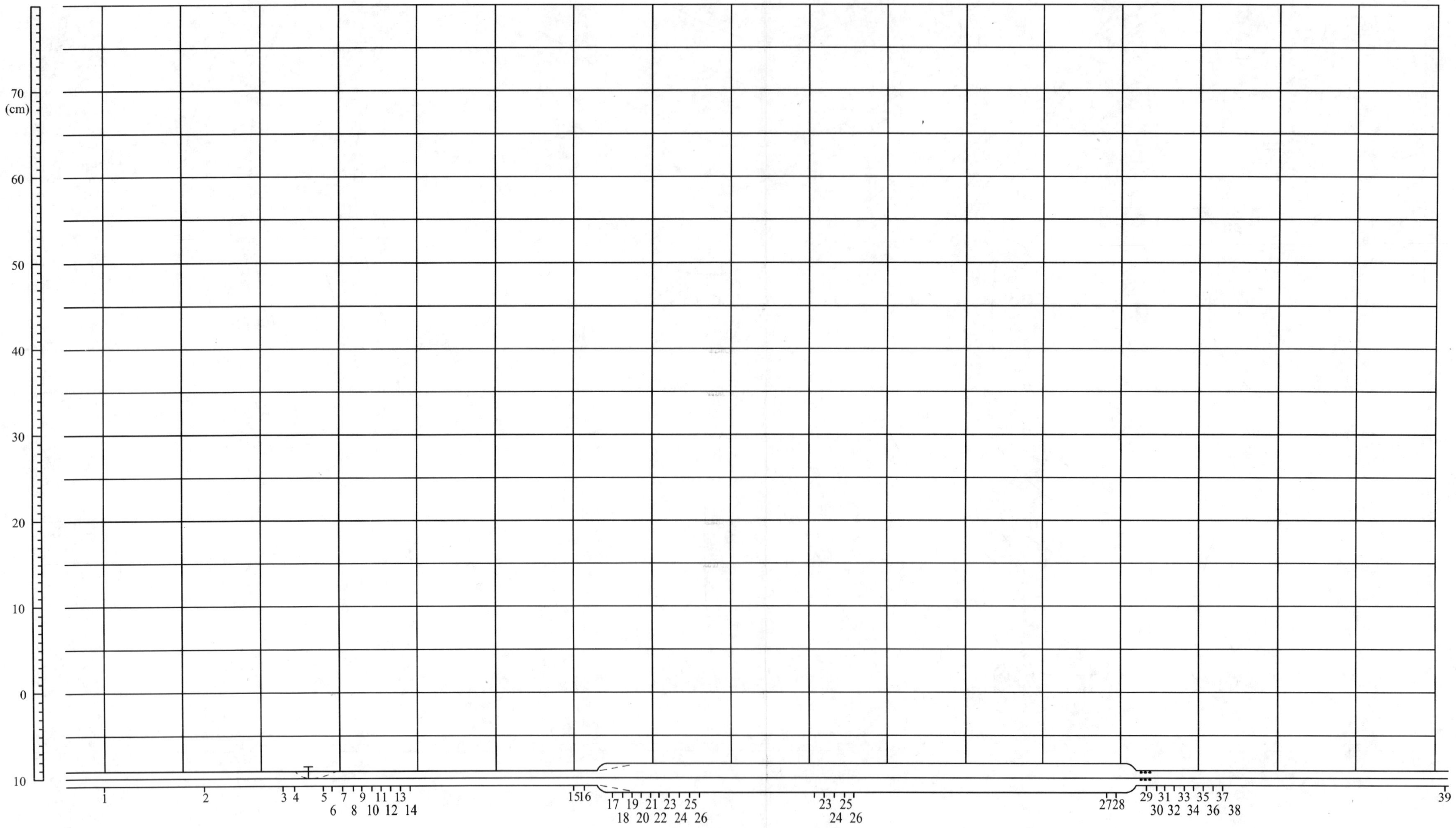

附图 2.2　总水头线与测压管水头线